Royal Horticultural Society

英国王立園芸協会とたのしむ

植物のふしぎ

Guy Barter:
HOW DO WORMS WORK?

Copyright © 2016 Quarto Publishing plc
Text copyright © 2016 Quarto Publishing plc
Japanese translation published by arrangement
with Quarto Publishing plc through The English Agency (Japan) Ltd.

英国王立園芸協会とたのしむ
植物のふしぎ

2018年1月30日　初版発行
2021年10月30日　2刷発行

著　者　　ガイ・バーター
訳　者　　北 綾子
装　幀　　田村奈緒
本文組版　永井藍子
発行者　　小野寺優
発行所　　株式会社河出書房新社
　　　　　〒151-0051　東京都渋谷区千駄ヶ谷2-32-2
　　　　　電話　03-3404-1201（営業）
　　　　　　　　03-3404-8611（編集）
　　　　　https://www.kawade.co.jp/

Printed and bound in China
ISBN978-4-309-25371-8

落丁本・乱丁本はお取り替えいたします。
本書のコピー、スキャン、デジタル化等の無断複製は著作権法上での例外を除き禁じら
れています。本書を代行業者等の第三者に依頼してスキャンやデジタル化することは、
いかなる場合も著作権法違反となります。

英国王立園芸協会とたのしむ
植物のふしぎ

ガイ・バーター 著
北 綾子 訳

河出書房新社

もくじ

はじめに …………………………… 8

1 タネと植物のひみつ

木はどうしてあんなに大きくなるの？…12
地衣類は植物の仲間？ ……………… 14
植物はぜんぶで何種類？ …………… 16
植物は分身できる？ ………………… 17
わが家の木は何歳？ ………………… 18
葉が紫色になるのはなぜ？ ………… 20
タネってどんなもの？ ……………… 21
タネはどうやって
芽を出すときを知るの？ …………… 22
ハーブはどうしていい香りがするの？…24
雑草という草はない？ ……………… 26
草はどうして刈られても
生きていけるの？ …………………… 28
タネを蒔いても芽が出ない
ことがあるのはなぜ？ ……………… 29
自分で採れるのはどんなタネ？ …… 30

植物にも寿命があるの？ …………… 32
木はどれくらいで大人になるの？…… 34
タネが小さいのは
風に運んでもらうため？ …………… 35
低木を刈り込むと
生長がはやまる気がする？ ………… 36
タネはどれくらい生きていられるの？…38
芝刈りを1年間さぼったら
どうなるの？ ………………………… 40
どこまでが低木でどこからが高木？ … 41
まっすぐ育つニンジンと曲がってしまう
ニンジンがあるのはなぜ？ ………… 42
ランのタネはどうして買えないの？…44
サボテンはどこからやってきた？ … 46
植物に話しかけると
ほんとうによく育つの？ …………… 47
よそからの侵略者？ ………………… 48
食べられるキノコと食べられないキノコ、
どうちがうの？ ……………………… 50
葉が針のようなかたちをしている
木があるのはなぜ？ ………………… 52
どうして植物には棘があるの？ …… 53
F1種ってどんなタネ？ ……………… 54
手をかけて育てた植物は
枯れてしまうのに野生の植物が
生きのびられるのはなぜ？ ………… 56
ピーマンの実のなかの空気と
外の空気は同じ？ …………………… 58
タネはどうやって上と下を知るの？…59
水は植物の体をどれくらいの
はやさで移動するの？ ……………… 60
水に運ばれるタネがある？ ………… 62

2　果実と花の"なぜ"？

どうしてイチジクの木には
花が咲かないの？ ……………………… 66

リンゴの実は親の木の近くにしか
落ちないってほんとう？ ……………… 68

どうして花には
たくさん種類があるの？ ……………… 70

八重咲きの花ってどんな花？ ………… 71

花の雌雄はどうやって見分けるの？ … 72

ハチはどうやって
花を選んでいるの？ …………………… 74

タネのない実をつける果樹は
どうやって繁殖するの？ ……………… 76

どうして花は匂いがするの？ ………… 77

野菜と果物、
いったいどこがちがうの？ …………… 78

花に蜜があるのはなぜ？ ……………… 80

ヒマワリはほんとうに
太陽を追いかけるの？ ………………… 82

どうしてアジサイには青い花と
ピンクの花があるの？ ………………… 83

豊作の次の年は不作？ ………………… 84

竹は花が咲くと死んでしまうの？ …… 86

植物はどうやって
いろんな色を生むの？ ………………… 88

花粉を吸うと
鼻がムズムズするのはなぜ？ ………… 89

青い花は実在する？ …………………… 90

夜になると花が閉じるのは
どうして？ ……………………………… 92

3　奇妙な地中の世界

ミミズの役割 …………………………… 96

根はどこへ向かう？ …………………… 98

どうして雨が降ると
土が酸性になるの？ ………………… 100

答はほんとうに土のなかにある？ … 101

枯れた木はいつまで
立っていられるの？ ………………… 102

キノコはどうして
木の根元で育つの？ ………………… 104

根が植物の体全体に
占める割合はどれくらい？ ………… 106

土のなかにある石は
どかしたほうがいい？ ……………… 107

嵐の日に木の下にいると
根が動くのがわかる？ ……………… 108

木はプールの水を
ぜんぶ飲み干すことができるの？ … 110

雨があがると地面に
石があらわれるのはなぜ？ ………… 112

木が燃えると根にも火がまわる？ … 113

根は乱暴者？ ………………………… 114

切り株はいつまで残る？……………… 116

冬になって一年草が枯れると、
根も一緒に枯れるの？ ………………… 118

地下水面ってなに？ …………………… 119

土のなかでべつの植物の
根と根が遭遇したらともだちになる？
それともライヴァルになる？ ………… 120

どこまでが表土で、
どこからが心土？ ……………………… 122

焚き火をすると土が傷む？ …………… 124

夏になると土は乾燥して縮む？ ……… 125

ローマ軍が敵地に塩を撒いて
不毛にしたのはほんとうの話？ ……… 126

地中の生物はどうやって
意思疎通するの？ ……………………… 128

植物が枯れたら根はどうなるの？ …… 130

水やりをやめたらどうなる？ ………… 131

どうして鉢植えは
うまく育たないの？ …………………… 132

土も病気になるの？ …………………… 134

土に塩を撒くとトマトが
しょっぱくなる？ ……………………… 136

庭の土は鉢植えには使えない？ ……… 137

土に植えなくても
育つ植物があるの？ …………………… 138

どの土がいちばんおいしい？ ………… 140

土はつくれる？ ………………………… 142

海の底にも土はある？ ………………… 143

堆肥が土になるまでには
どのくらい時間がかかるの？ ………… 144

肥やしにするなら、
どの動物の糞がいちばんいい？ ……… 146

地面の上に根が出ていることが
あるのはどうして？ …………………… 148

世界から土がなくなって
しまうことはないの？ ………………… 149

Blood, Fish and Bone（血と魚と骨）
——いったいどんな肥料なの？ ……… 150

土のなかにも大きな動物が
たくさん住んでいる？ ………………… 152

4 天気、気候、季節の
ミステリ

日が出ているあいだは
水やりをしてはいけないの？ ………… 156

凍ると葉が傷む？ ……………………… 158

秋になると落葉する木と
しない木があるのはなぜ？ …………… 160

湿度が高いときは
水やりを控えてもいいの？ …………… 162

ストレスを感じると
葉が青やグレーになる？ ……………… 164

土が熱いと植物が火傷する？ ………… 165

木は葉を落とす時期を
どうやって知るの？ …………………… 166

植物は水なしでどれくらい
生き続けられる？……………168

凍っても耐えられる植物と
耐えられない植物があるのはなぜ？…170

球根はどうやって
芽を出すべきときを知るの？……172

"雨の陰"ってなに？……………174

木は1日にどれくらいの
水が必要なの？………………175

どうして野菜は霜に当たると
おいしくなるの？……………176

植物は砂漠でどのくらい
生きられる？…………………178

草は雪の下でどうやって
生きているの？………………180

どうして秋になると紅葉するの？……182

冬に花が咲かないのはなぜ？………184

木は暗闇のなかで
どれくらい生きられる？……………185

池が凍ったらカエルはどうなるの？…186

人間の尿は植物にいいの？…………197
芝生にコケが生えるのはどうして？…198

ナメクジとカタツムリは
どうちがう？…………………200

ハチは冬のあいだどこにいるの？……202
芝生は草でなければいけない？……203
鳥の好物ってなんだろう？…………204
堆肥はどうして熱くなるの？………206
ナメクジはビールで退治できる？……208
池の水が健全かどうかを知るには？…209
蝶を誘惑するには？…………………210
ナメクジはいつ庭に帰ってくるの？…212
シマミミズは不味い？………………213

果樹はかならず
剪定しなければいけないの？………214

錆びも伝染する？……………………216

害虫はどうして雑草には眼もくれずに
お気に入りの植物ばかりを狙うの？…217

参考文献……………………218
索引…………………………220
図版クレジット……………224

5 庭のふしぎ

納屋からクモを遠ざけるには…………190
花壇とボーダー花壇のちがいは？……191
ガーデンノームの生みの親は？………192
ナメクジは好き嫌いがある？…………194

堆肥にするのに
いちばんいい食べものは？……………196

はじめに

大切な庭で、ミミズがどんな仕事をしているかご存じだろうか？ ミミズのはたらきを知っていると、何かの役に立つのか？ わたしは、はじめは『Gardening Which?』誌で、それから英国王立園芸協会で、20年以上にわたって植物の育てかたをアドヴァイスしてきた。そのわたしの答はどちらも「イエス」だ。庭に出て土を掘り、植物を植え、草をむしり、剪定をする。そうやっていそがしく手を動かしているあいだ、頭は気ままな思索にふける。植物を育てている人ならきっとわかると思うが、庭いじりをしていると、ふとした疑問がつぎつぎと思い浮かんでくる。そうした疑問は実用的な内容のこともあれば、ちょっと変わったことのときもあるけれど、土のなりたちや植物の化学など、植物や園芸の世界に精通し、幅広い知識を持っていなければ答えられないものが多い。

庭は発見の宝庫

この本は、植物と植物を取り巻く環境にまつわるおよそ130個の疑問に、かなり突っ込んで、なおかつ、わかりやすく答えている。どのテーマも単なる思いつきではなく、植物が好きな人、植物を育てている人がふと疑問に思うようなものを集めた。実用的なアドヴァイスばかりではないけれど、気づかないうちに知識が身について、これから先、植物とかかわるなかできっと役に立つはずだ。テーマは多岐にわたっている。ある植物にはハチが集まり、べつの植物は蝶にだけ好かれるのはどうしてか。木の根は実のところ、地中でどれだけのスペースを占拠しているのか（伸びてきた根が家を壊してしまうことはあるのか？）。土が変わると花の色まで変わってしまうのはなぜか。などなどたくさんの"植物のふしぎ"に迫る。庭では誰もが、真正面から自然に向き合うことになる。草花や虫や土がときには単独で、ときにはお互いにかかわりあいながら、自然界でそれ

◀ 初夏が見頃のひときわ華やかなアジサイは、土によって花の色が変わる。花が青くなる土とピンクになる土の違いを知っていれば、好きな色の花を咲かせることができる。

それのはたらきをしている。どんなに小さな限られた場所でも、たくさんのことが起きている。そうした事実を知れば知るほど、家の裏にどんな庭をつくりたいか、はっきりと思い描けるようになる。そして、下は地中のミミズから上は天高く茂る木々の葉まで、庭に存在するあらゆるもののはたらきがもっとわかるようになるだろう。

庭はジャングル

庭では、なにもかもが美しく輝いているわけではない。この本を読んで驚きの発見を続けていくうちに、自分の庭（または小さな花壇）がこれまでとはまったくちがって見えるようになる。庭は、一見するとのどかで、家庭的で、どこか田舎の風景を思わせるかもしれないが、自然というのは本来、弱肉強食の世界だ。そう思っていなかった人は、この本を読んで意識ががらっと変わることになるだろう（ちなみに、ナメクジの舌には歯がはえていることを知っていただろうか？　ナメクジを見て思わず身震いするのはそのせいかもしれない）。地中では、無数の微生物がもっと小さな微生物をかみ砕くかすかな音が絶え

▲ ケマンソウ *Lamprocapnos spectabilis* の元々の学名は *Dicentra spectabilis* だった。植物学の研究が進んで名前が変わるのはよくあることなので、面倒と思わずに受け入れよう。

ず聞こえている。地上では、ライヴァルを蹴落として虫たちからの賞賛を一身に受けようと目論む植物が、この世でいちばん鮮やかな花を咲かせ、いちばん芳しい香りを漂わせようと、気の遠くなるほど複雑な化学実験を繰り広げている。植物にとって、繁殖に成功して子孫を残すことは熾烈な戦いなのだ。だから、生き残るためなら手段を選ばず、情け容赦なくふるまう。

　この本を読んで植物博士になれば、どの庭ももっと表情豊かで活き活きとして見え、思わずうっとりしてしまうにちがいない。それだけでなく、実践するまえから、きっと園芸の腕に磨きがかかっていることだろう。

> **A** まず答を知りたい人へ：この囲みのなかでは、それぞれの疑問に簡潔に答えている。本文では理解を深めるために、もっと詳しく説明している。

Chapter 1

種と植物のひみつ

Q 木はどうしてあんなに大きくなるの？

どんな生物もそうであるように、植物にとっても生きることは戦いだ。植物の場合、競争相手をしのいで生存競争に勝つには大きければ大きいほど有利になる。大きくなることで相手を自分の陰に追いやり、地中の水分と栄養を独り占めして、ほかの植物の生長を阻むことができるからだ。

手入れをされることなく放置された庭には、はじめに一年生の雑草がはびこり、次に草と多年生の雑草、続いてキイチゴが芽を出す。それから、トネリコ属 *Fraxinus*、カバノキ属 *Betula*、カエデ属 *Acer*、セイヨウナナカマド *Sorbus aucuparia*、マツ属 *Pinus*、セイヨウカジカエデ *Acer pseudoplatanus*、ヤナギ属 *Salix* などの低木が生えだすのだが、どれも短命で、80年くらいしか生きられない。先陣をきった木々が息絶えると、こんどはもっと大きな木がその土地を埋め尽くす。ブナ属 *Fagus*、シナノキ属 *Tilia*、コナラ属 *Quercus* などだ。"植物界の頂点"に君臨するこれらの木々は数百年かけてどんどん大きくなり、高さが限界に達すると長い衰退期に入る。庭に植える木としては背の低いカバノキやカエデ、ヤナギなどを好む人が多く、大きな木は公園や森林のほうが適している。

どこでも大きくなれる？

木というと、背が高く、1本の太い幹の地面からすこし離れたあたりから枝が四方八方に伸びて木陰をつくっている姿が思い浮かぶ。でも、木は水分と栄養が足りないところでは大きくなれない。乾燥した地

◀ 木がどれだけ大きくなれるかは遺伝子によっても限界が決まっている。オークの木（左側）にどれだけたっぷり水をやったとしても、セコイア *Sequoia sempervirens*（右側）より大きくなることはない。

種と植物のひみつ

A 木が高く伸びるのは、低木やほかの植物を文字どおり木陰に追いやって、競争相手よりも日光をたくさん浴びるためだ。

どこまで大きくなれる？

背が高くなればなるほど、上空を吹く風から受けるダメージが大きくなり、そのぶん下で支える部分の負担も増える。幹や大枝が風に負けて折れないようにするには、根元が強くなければならず、その太さは先端の8倍にもなることもある。幹と枝がたくましければ、高く伸びて競争相手を陰に追いやることができるが、やがてその利点と労力とが見合わなくなるときがきて、木は伸びるのをやめる。気候が穏やかなカリフォルニアの渓谷よりも、強い風が吹くヨーロッパの木のほうがはやく高さの限界に到達する。

域や岩場、山岳地帯などに見られるのが草や低木など背の低い植物や、球根、球茎、塊茎など地中で育つ植物ばかりなのはそのためだ。

どこに植えるか

粘土のように、乾燥すると縮んでしまう土がある。とくに夏は木が水分をたくさん吸収するので、土が乾いて縮みやすい。冬になって雨が降ると土はまた水分を蓄えて膨らむけれど、もともとの水分量まで戻らないことも多い。ときが経つにつれて土地の収縮がすこしずつ進んでいくと、近くの建物に害を与えるおそれもある。だから建物のそばには木を植えないのがいちばんいいのだが、もしもともと木がある近くに建てるなら、基礎をしっかり築くことだ。

▶ 木は葉の"吸引力"で水を引き上げるのだが、その高さには限界がある。限界まで達した木は水分が足りなくなるので、それ以上高く伸びることはない。

地衣類は植物の仲間？

地衣類はかなり変わったなりたちをしている。藻と菌類が手を組んでひとつの共生体をつくり、おたがいに相手を助けながら生きているのだ。藻と菌類が結びつくことで驚くほど強くなり、むき出しの煉瓦や木の幹など、ほかの生物ではとても生きていけないような場所でもはりついて生きられる。

そもそも植物とは一体なんだろう？ 辞書では、植物とは土か水のなかで（またはほかの植物に寄生して）育つ生物で、ふつうは茎と葉と花と根を持ち、種子で繁殖すると定義されていて、そういうものだと思っている人が多い。ところが、この定義にあてはまらない、変わった植物もたくさんある。植物には、花をつける被子植物のほかに、シダ植物や針葉樹などの裸子植物もある。詳しくない人には見わけるのがむずかしい藻類や蘚類や苔類も植物の仲間だ。

藻類は有能なキーマン

藻類はとても単純な体のつくりをしているけれど、環境への適応能力が抜群に高い。菌類といっしょになって地衣類をつくるときにも、共生体の一員として大切な役割を担っている。さまざまな生態系のなかで地衣類が生きていけるかどうかは、藻類のはたらきにかかっていると言ってもいい。たとえば藻類の一種である海藻は、淡水でも海水でも生息できる。海中には植物プランクトンと呼ばれるごく小さな藻が無数に漂っていて、世界中のすべて

▼ 地衣類にみられるワイングラスに似たかたちの子器（しき）柄。このなかに繁殖器官がある。このかたちをした地衣類の代表格はハナゴケ属で、世界各地に生息していて、とくに木の幹に密着して育つ。

A 地衣類は一般的に植物もどきとみなされている。藻類はとても単純な構造の植物だけれど、菌類は植物とはぜんぜんべつのグループに属する生物なので、そのふたつが組み合わさってできた混合種を定義するのはむずかしい。

種と植物のひみつ　15

◀ 珪藻は単細胞の藻類で、淡水にも海水にもたくさん存在する。地球上の光合成の25％を担っていて、大気中の酸素の貴重な供給源だ。

の植物がおこなっている光合成の半分以上を、海中の小さな藻が占めている。その結果つくられた酸素のおかげで、地球上の生物みんなが生きていけるのだ。

世界の覇者

植物の世界の勢力図を見てみると、生息範囲でも繁殖力でも勝者は被子植物で、他の追随を許さない強さを誇っている。被子植物のうち、マメ科だけでもおよそ1万8000もの種類がある。それに対して、シダ植物は世界各地に生息しているものの、種類はぜんぶ合わせても1万2000種ほどしかない。

成功の鍵は根が握る

もともとの生息地ではない場所を侵略して棲みつくことが植物にとっての成功だとするなら、そのための武器はなんだろう？　領土を拡大するのに欠かせない戦力は根だ。根があるからこそ、植物は地中の水分を吸収して大きく育ち、地下でどんどん伸びて生息範囲を広げることができる。その点では、根を持たない蘚類や苔類はかなり不利だ。地中から水分を得ることができないので、遠くまで勢力を伸ばそうにも地表上の水分に頼らざるをえない。雨が多く湿潤な気候の地域ならそれで問題ないが、乾期には生息範囲を広げることはできない。

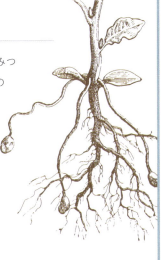

ジャガイモの根

Q 植物はぜんぶで何種類？

世界には何種類の植物があるのだろう？　その数はあまりに膨大すぎて、ぜんぶ数えてみようなんて、考えるだけでも気が遠くなりそうだ。専門家のあいだでも意見はばらばらなのだが、実際に数えたことがある人がいないのだから、正確な数がわからなくても不思議ではない。

とつの手がかりとして「The International Plant Names Index（国際植物名目録）」がある。これは、英国キュー王立植物園（キューガーデン）、ハーヴァード大学植物標本館、オーストラリア国立植物標本館が共同運営しているデータベースで、植物名の資料として国際的に認められている。2016年現在の登録件数は164万2517だが年々増えていて、2015年だけでも1560件が追加された。

ただ、このデータベースには花をつける顕花植物（種子植物）のほか、シダ植物や蘚類が登録されているが、同じ植物でもちがう名前で呼ばれることがあり、重複している植物がかなりあるので、その数を単純に鵜呑みにはできない。

数えることに疲れたら

多すぎてとても数える気にならないという人には、王立園芸協会の検索システムで妥協するという手もある。この検索システムには7万5000件の植物が登録されていて、オンラインで利用できるだけでなく、気になるタネを買って自分の庭で育ててみることもできる。

第2のデータベースとして、キューガーデンと米国のミズーリ植物園（ショーズガーデン）が共同で作成している「The Plants List（植物総覧）」がある。このデータベースには導管を持つ植物、種子植物、針葉樹、シダ植物など一般に認められている35万件の名前が登録されている。

では、正解はというと「植物総覧」に載っている名前の数が実際の数に近いようだ。ただし、次々と新種が発見されているので、その分を5万件足して、ぜんぶで40万種類とみるのが妥当だろう。

A 植物の種類はぜんぶでおよそ35万から150万のあいだだろう。漠然としすぎだと思うかもしれないけれど、断定できないのにはそれなりの理由がある。

種と植物のひみつ　17

植物は分身できる？

植物が繁殖する手段といえば、まっさきに思い浮かぶのはタネから芽が出て育つことだろう。ひとつひとつのタネはそれぞれ新しい個体になる。ところが、人の手で親株から小さな断片を切りとって挿し木することで、べつの“若い”個体が育つ植物もたくさんある。動物は体の一部が自然に新しい個体に育つことはないのに、どうして植物は分身できるのだろう？

親株から切り離された断片がべつの個体に育つには、挿し木が根付くのがいちばん手っ取り早い。そこらじゅうに生息しているミント（植物のなかでも挿し木での繁殖力がとくに高いと言われている）は、ほんのすこし切りとって土に挿してやるだけで、すぐに新しい株に育つ。湿地に生えているミズキ属 *Cornus*、ポプラ（ヤマナラシ）属 *Populus*、ヤナギ属 *Salix* などの木も同じように、親株の断片が新しい株に育つことができる。湿地では、川が氾濫すると木々の枝が折れて遠く離れた場所に流れ着く。折れた枝は、その場所がどんな土地でも、いとも簡単に根づいて育つことができる。とはいえ、ど

動物とちがって、植物の細胞は、もともと親株のどの部位だったかにかかわりなく、どんな細胞へも再生することができる。むずかしい言いかたをすると、この性質を分化能という。

の植物でもそううまくいくとは限らない。どうすれば理想的な性質を保ったまま植物を繁殖させられるか。それこそが装飾的な庭づくりの鉄則だ。そのためにはタネから育てるよりも、挿し木で増やすほうがずっと易しい場合がある。挿し木の技術に長けていることは、腕のいい園芸家の証しといえるだろう。

ミニチュア園芸工場

最近は科学が発達して、ほんのわずかなかけらからでも、ごく小さな若い株を大量に培養できるようになった。実験室で行われているこの手法は微細繁殖と呼ばれる。

▶ ミントには25の品種があり、栽培されているものでは196個の変種が確認されている。とても繁殖力の強い種類が多く、ほとんどが根を伸ばしてどんどん生息範囲を広げる。

わが家の木は何歳？

木を切り倒せば樹齢はすぐにわかる。逆にいえば、切り倒さずに正確な樹齢を知るのはかなりむずかしい。ただ、このテーマの最後で紹介するふたつの方法を使えば、おおよその見当をつけることはできる。

年輪を刻む

毎年、春になって生長期に入ると、木は幹の外側に新しい細胞の層をつくる。この層は形成層と呼ばれ、内側の木質部と外側の師部を隔てている。木質部と師部はそれぞれ水分と栄養素を運ぶ導管の役割を果たす。形成層は分裂する細胞からなる層で、外側は肥大成長して師部の組織をつくり、内側の細胞は木質部と同化する。この新しく成長する細胞の層が、幹の内部にはっきりと輪を描いているように見えるのが年輪だ。気候のいい年は輪が厚

> 樹齢を正確に調べるには、木を切って幹の断面に見える年輪の数を数えればいい。1年にひとつ新しい輪ができるので、輪がいくつあるか数えればその木が生まれてから何年経っているかがわかる。

▼ 木材の層は髄を中心にだんだん外側へ向かって毎年新しい形成層がつくられ、数十年から長いものでは数百年をかけてその層が積み重なっていく。

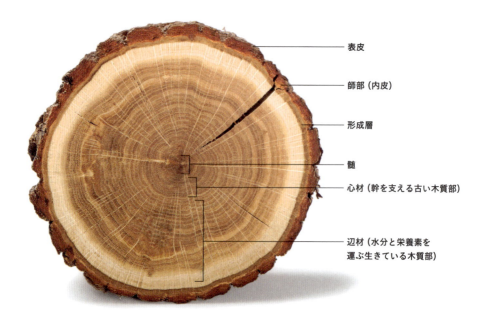

く、そのぶん幹も太くなる。気候条件があまりよくない年にできる輪は幅が狭くなる。木はこの過程を毎年繰り返して生長するので、切り倒して輪の数を数えれば、正確な樹齢がわかるというわけだ。それに、年輪が教えてくれるのは樹齢だけではない。年輪を専門にしている研究者などの詳しい人なら、年輪を見ただけで、その木が生まれてから毎年の気候変化を読み解くことができる。

木を切らずに樹齢を知るには

英国森林委員会の実証実験によれば、木の幹の直径を測り、同じくらいの大きさの木のデータと比較すると、おおよその樹齢が推測できるという。ただ、そのためには相当な数のデータが必要なので、たった1、2本の樹齢を調べたいだけなら、実用的な方法とはいえない。

メジャーを使ってもっと簡単に推測できる方法もあるので、興味のある人は是非ためしてみてほしい。

- 地上から1mの高さで幹の周囲の長さを測る。
- その長さを2.5で割った数がおおよその樹齢。

たとえば、幹の周囲が150cmの木だったら、樹齢はだいたい60年くらいということになる。

新しい木＝幹が細い

古い木＝幹が太い

葉が紫色になるのはなぜ？

生長した植物の葉はたいてい緑色をしている。それは、葉のなかにある葉緑体の膜に葉緑素がたくさん含まれているからだ。葉緑素は赤い光と青い光を吸収するけれど、緑の光は強く反射するので、葉が緑に見える。秋になって葉緑素が失われると、緑の光を反射していたフィルターがなくなるので、鮮やかに紅葉したように見える。だとしたら、一年中ずっと葉が濃い赤や紫色をしている植物があるのはどうしてだろう？

> 葉が紫色になるのは、アントシアニンという色素のせいだ。アントシアニンは緑の光を吸収し、赤と紫の光は反射するので、突然変異によってアントシアニンが増えすぎてしまった場合、葉が紫に見えることがある。

葉緑素とちがって、アントシアニンは葉の液汁のなかで糖とたんぱく質が合成されて生まれる。この色素をたくさん持っている植物の葉は濃い紫色になることがある。アントシアニンは植物にとって役に立たないばかりか、生成するのにかなりの労力がいるので、葉が緑色の植物より紫色の植物のほうが生長が遅く、自然界で生きていくには不利といえる。

園芸の世界では豊かな紫色の葉の熱烈なファンも多く、できるだけ鮮やかな色になるように品種改良が進められてきた。近年、改良に成功した品種では、アメリカテマリシモツケ'ディアボロ' *Physocarpus opulifolius 'Diabolo'* とセイヨウニワトコ

▲ケムリノキ'ロイヤルパープル' *Cotinus coggygria 'Royal purple'* は、低木の仲間だけれども樹高が5mもあって、夏のあいだは濃い紫色をしている葉が秋になると紅葉する。

'ブラックレース' *Sambucus nigra f. porphyrophylla 'Eva'* の2種が人気を集めている。どちらも落葉性の低木で、環境になじみやすく、育てるのが簡単なので、日本のハウチワカエデ *Acer japonicum* やイロハモミジなど、高価な紫のカエデの代わりに重宝されている。

タネってどんなもの?

タネは種類によってかたちがまちまちで、一粒の塵のように小さなものから、豆くらいの大きさのものまである。これだけ大きさがちがうと、同じ役割を果たしているとは到底思えないかもしれないけれど、どんなタネにも新しい植物を生みだす能力が備わっている。

植物はもともと胞子で繁殖していたと考えられていて、タネがどうやって生まれ、進化してきたのかはわかっていない。胞子はタネよりも単純な単細胞で、ひとつひとつが大人になるまで生長できる確率はタネから育つ植物よりも低い。植物の進化とともにタネも発達してきたが、いまでも藻類や菌類のように胞子で子孫を残す植物もある。胞子よりもタネをつくるほうが負担は大きいが、そのぶん繁殖に成功する確率も高い。なかでも大きなタネからは大きな芽が出るので、ほかの植物との生存競争に勝てるだけでなく、ナメクジや甲虫の攻撃から身を守りやすい。

タネとはちっちゃな植物を詰め込んだ箱のようなもので、タネのなかには根と茎と小さな葉が1〜2枚、それから植物が自分で光合成できるように育つまでのあいだの栄養素が入っている。

タネをまき散らす

多くの植物はタネをつくるだけでなく、あの手この手でタネを親株から遠く離れたところまで届けようとする。マメ科の植物は莢(さや)のなかに大きなタネがいくつもなり、成熟すると莢が破裂して、タネをかなり遠くまで飛ばす。小さなタネは風に乗って新天地へたどりつき、ドングリのように重いタネは鳥や動物が新しい土地へと運んでくれる。そうやってタネを遠くへ運ぶことで、植物はすこしずつ生息地を広げていく。

タネはどうやって芽を出すときを知るの？

タネから植物になるためには、"とき"を選んで芽を出すことが大切だ。いいタイミングを見定めることができれば、ぐんぐん伸びて、立派に生長することができる。逆に、ときをあやまると、タネがこの世で果たす仕事は芽を出すことだけで終わってしまう。

"とき"を待つ

タネは芽を出すべき最適な時期がくるまで休眠して待つのだが、時間が経つにつれて生命力が失われていくので、いつまでも待っていられるわけではない（市販のタネの袋に有効期限が書かれているのはそのためだ）。

　北方の寒い地域では、植物は夏の終わりから秋にかけてたくさんのタネをつける。そして親の代から受け継いだ命を存続させようと、タネはいろいろな手を使い最適な時期を待って芽を出そうとする。エニシダなどのマメ科の植物のタネは、防水性のある厚くてかたい皮でおおわれていて、この皮は土のなかで微生物によって分解される。長いものでは一冬を超えるほどの時間をかけてゆっくりと皮が溶けていき、やがて発芽できる状態になる。鳥に食べられることを想定して、もっとかたい殻に包まれているタネもある。かたい殻のあるタネは、鳥の第2の胃袋といわれる砂肝にとどまっているあいだに砂にもまれて殻が薄くなり、鳥の体外に排出されたときには芽を出せる準備ができているというわけだ。ビーツ（見た目が赤カブに似た根菜）のようにタネそのものか、タネを包んでいる実のなかにある化学物質や

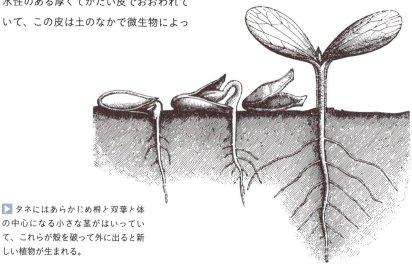

▶ タネにはあらかじめ根と双葉と体の中心になる小さな茎がはいっていて、これらが殻を破って外に出ると新しい植物が生まれる。

パセリをその気にさせるには

パセリはなかなか芽が出ないことで知られている。昔ながらのやり方では、タネを蒔き、土をかぶせて、その上に沸騰したお湯をかけて発芽を促す。

この方法には科学的にも根拠があることがわかっている。パセリのタネのかたい殻は水に溶ける性質を持っているので、お湯をかけると殻が溶け、芽を出せるようになる。

ホルモンを使って発芽の準備をする植物もある。このタイプのタネは湿り気のある土に着地すると化学物質が外皮を溶かして発芽できるようになる。ただし、土が乾いていてタネが十分な水分を吸収できないあいだは芽を出さない。

　休眠中のタネを人工的に目覚めさせて、発芽をはやめる方法もいくつかある。かたい殻におおわれているタネなら、刃物で切れ目をいれるか紙やすりで軽くこすって殻を破る。防水性のある種皮の場合は、タネを湯に浸してから蒔くと芽が出やすくなる。鳥に運ばれるタネは、目の粗い砂と一緒に板に挟んで挽くことで砂肝のなかで砂にもまれるのと同じ状況を再現することができ、発芽をはやめられる。もっとかたいタネを休眠から目覚めさせたいときは、栽培業者など植物を育てる専門家なら、タネに濃硫酸処理をほどこしてから植えることもある。ただし、この方法は危険なので一般家庭では真似しないほうがいい。

A タネは親株が"仕上げ"をするまで待ってから芽を出す。多くの植物は、そのときがくるまで休眠して待っていられるように進化してきた。タネをかたい殻で包むことはその方法のひとつで、やがてその殻が破れると芽を出せるようになる。

ハーブはどうしていい香りがするの？

ハーブの香りは人を癒してくれるけれど、そもそもハーブが香るのは人間を喜ばせるためではなく、自分を守るためだ。匂いのする植物はたくさんあるが、なかにはいい香りとはとてもいえないものもある。たとえば、ボタンクサギ Clerodendrum bungei とエゴマ Perilla frutescens はどちらも腐った肉のような匂いで、人間の嗅覚には耐えがたい悪臭だ。

香りの秘密は小さな分子

人間は、鼻腔の奥の粘膜にある嗅上皮で匂いを感じる。人間の鼻は、常温で蒸発し、油に溶ける性質のある小さな分子を匂いとして知覚できる。嗅上皮にあつまった匂いの分子は溶けて体内に入り込み、嗅細胞に到達する。すると嗅細胞が脳に直接刺激を送り、匂いとして認識する。そのときはじめて、人はその匂いがすることを意識する。

どの植物も化学物質を独自のレシピで"配合"して、ほかの植物とはちがう香りを生み出している。たとえばメントールと

> ハーブの香りは複雑な化学反応によってできた分子の混合物から生まれる。匂いは植物にとって害になる昆虫を遠ざけたり、退治したりする役目を果たしている。

メントンをまぜるとミント Mentha の香りになる。ラヴェンダー Lavandula の香りは実に47種類もの物質を組み合わせることで生まれる。ラヴェンダーの香りの主な成分は、そのかぐわしい香りとはなんとも不釣り合いな名前のブタン酸リナリル 1,5-Dimethyl-1-vinyl-4- hexenyl butyrate という物質だ。

▼ ラヴェンダー Lavandula に含まれる油は葉を熱と光のダメージから守っている。ラヴェンダーから抽出した精油は香料、防腐剤、香油などに使われる。

ハーブの香りを引きだす育て方

香りと風味を最大限に引きだすには、ハーブ本来の特性を理解しておくことが大切だ。

ハーブは甘やかして育ててはいけない。水と栄養剤をたっぷりあげて、昆虫の脅威から守ってしまうと、香りが弱くなる。むしろ、あまり養分のない土に植え、水やりも控えめにして、厳しい環境で育てるほうがいい。日に当たると香りと風味が増すので、温室ではなく屋外で栽培するほうが適している。それでも万が一うまく育たないときには、植物成長調整剤を使ってハーブを騙すという奥の手もある。植物成長調整剤には天然のホルモンが含まれていて、そのホルモンが体内にはいるとハーブは害虫におそわれたと錯覚し、害虫を退治しようとして香りと風味を増す。植物成長調整剤は園芸店や通信販売で手に入れることができる。

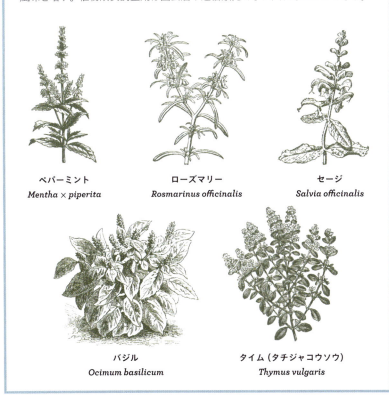

ペパーミント
Mentha × piperita

ローズマリー
Rosmarinus officinalis

セージ
Salvia officinalis

バジル
Ocimum basilicum

タイム（タチジャコウソウ）
Thymus vulgaris

雑草という草はない？

雑草とはいったいどんな草のことをいうのか？ これはとてもよく耳にする質問で、答もたいてい決まっている。望まれない場所に生えている草花を雑草という、と。けれども、雑草が雑草と呼ばれるのは、望まれていないのに生えているからというだけではない。雑草が生えるのを防ぎたい、できれば庭から完全に追いだしたいと悪戦苦闘している読者も大勢いると思うが、雑草の性質を理解すれば、どうして雑草がそこまで厄介者扱いされるのかがわかるだろう。

庭は戦場

雑草がタネをつけるまで放っておくと、のちのちかえって厄介なことになるので、はやめに手を打っておかなければいけない。まとめて草むしりをする時間がとれないなら、庭を見回したついでに雑草のつぼみや花だけでも取りのぞいておこう。残った根元はあとで駆除すればいい。

聞くだけで気が滅入るような、驚愕の事実を紹介しよう。1ヘクタール（約3000坪）の土地には、地面から15cmの深さまでの土のなかだけでも最大で5億5500万個もの雑草のタネが眠っているという。そのすべてがやがて芽を出したときのことを想像してみてほしい。庭いっぱいの雑草を見て、げんなりするにちがいない。

生まれながらの強者

雑草は巧みに策を凝らして生き残り、存続しようとする。雑草の多くは生育がはやいだけでなく、繁殖力が強く膨大な数のタネをつくる。なかには、長いあいだ休眠することができ、望みどおりの条件が揃ったときにだけ芽を出すものもある。環境が整っているので根づきやすく、のびのび育

▼ タンポポ *Taraxacum officinale* の根には眠った状態の芽がある（深さ40cmあたりの根に多い）。だから、土のなかに根がすこしでも残っていれば再生できる。

種と植物のひみつ 27

◀ タンパク質を豊富に含むクローバー *Trifolium* は家畜の飼料として重宝され、空気中の窒素を草に固定するので肥料代わりにもなるが、芝生に生えると迷惑な存在になる。

つことができるからだ。とても掘りかえしきれないほど地中深くまで根を伸ばすこともある。もっと賢いものでは、引き抜かれそうになると、みずから根をこまかく分断して地中に残し、数十個の小さな根の切れ端（根断片）が次々に再生するものもある。そんな具合だから、いくら草むしりをしても骨折り損になってしまう。

寄生している植物や穀物のライフサイクルや特徴を真似て生きのびようとする雑草もいる。たとえば、芝生に生えるスイバ *Rumex* やクローバー *Trifolium* などは草丈を低く保つことで芝刈り機の餌食になることを免れ、穀物の畑に生えるノスズメノテッポウ *Alopecurus myosuroides* は、穀物の収穫直前にタネをつけて、秋蒔きの穀物にまぎれて発芽する。

▼ ノスズメノテッポウ *Alopecurus myosuroides* は一年草で、耕作地にも荒れ地にも生息する。属名（ギリシャ語の alopex（狐）と oura（尾）に由来）のとおり、キツネの尾に似ている。

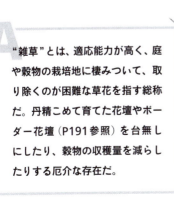

A "雑草"とは、適応能力が高く、庭や穀物の栽培地に棲みついて、取り除くのが困難な草花を指す総称だ。丹精こめて育てた花壇やボーダー花壇（P191参照）を台無しにしたり、穀物の収穫量を減らしたりする厄介な存在だ。

28　英国王立園芸協会とたのしむ植物のふしぎ

草はどうして刈られても生きていけるの？

ずっと昔から、草はヒツジ、野牛、シマウマ、レイヨウなどの草食動物に食べられることにひたすら耐えて生きのびてきた。草食動物が食べ尽くしたあとには、一様に丈の短くなった草が一面に広がる。人はその美しい景色に心を奪われ、やがて非の打ちどころのない芝生をこよなく愛するようになった。園芸家がみな口を揃えて言うように、完璧な芝生をつくるのは至難の技だ。けれども、草花の構造をきちんと知っておけば、きっと芝生づくりの役に立つだろう。

いちから育つ

植物には分裂組織と呼ばれる細胞があって、分断されても、細胞分裂によってそこからまた生長することができる。分裂組織は植物の体の上のほう（茎頂）にあることが多いが、草食動物が好んで食べる草は、地面に近い根元（根端）に残るように進化してきた。茎頂にあると、草食動物に食べ尽くされてすぐに絶滅してしまうからだ。分裂組織が根元にあるおかげで、草食動物は思う存分、草を食べることができ、食べられた草もまたいちから育つことができる。草刈りも動物が草を食むのと同じ役割を果たしていて、草がきれいに刈り込まれたあとには、生命力に満ちた緑の絨毯が広がる。

広い葉を持つ植物は先端を伸ばして育つが、草は地面に近い根元から育つ。だから草は刈られても生きのびることができる。

誰もが愛するきれいな芝生

草刈機が発明されるまでは、どこから見ても美しい芝生を保つためにヒツジの群れを放って、たえず草を食べさせるか、朝露で草が濡れているあいだに大鎌で刈るしかなく、時間がかかるうえに、とても骨の折れる作業だった。初期の草刈機は馬に引かせるか人力で引く仕組みだったが、技術が発展した現在ではロボット制御で動かすことができる。最新の草刈機は、作動音も小さく、タイマーをセットしておけば、地中にワイヤーを埋めて区切った範囲内を自動で草刈りしてくれるので、もはや人間が操作する必要すらない。

タネを蒔いても芽が出ないことがあるのはなぜ？

園芸家のあいだでは昔から、買ってきたタネより自分で育てた植物から採ったタネを蒔くほうが、芽が出る確率が高いと言われている。もしそれがほんとうだとしたら、どうして自家採種のタネのほうが、芽が出やすいのだろう？

市販のタネは、労働力の安い乾燥地帯で生産されることが多い。なかでもニュージーランドとケニアは、代表的なタネの生産国だ。生産されてから遠く離れた世界各地の市場に届くまでには、どうしても時間がかかる。荷箱に詰められて運ばれているあいだ、タネはめまぐるしく変動する湿度と温度にさらされ続けるため、のちの発育状況が悪くなることがある。ようやく卸売業者の手元に届いたタネは品質によって等級ごとに分けられ、高品質のタネは栽培業者の手にわたる。一般の園芸愛好家向けに安く販売されるのはその残りなので、小さくて栄養をあまり含んでいないことが多い。店頭に並んでからもすぐに売れるとは限らず、タネはここでも温度変化に耐えなければならない。

自分で採ったタネに比べて、買ってきたタネのほうが不利なのは、こういう事情があるからだ。だから、タネを買うときは園芸店ではなく卸売業者から買うようにするといい。卸売業者はきちんと環境を管理してタネを保存しているし、売れるまでの時間も短いので、すこしは状態のいいタネを入手できるだろう。

▲カボチャは異種交配が起こりやすいので、ほかの作物と隔離して栽培しないと、親とはぜんぜん似つかない姿に育ってしまう。

> **A** 自家採種のタネは遠くまで運ぶ必要がないので、いい状態のまま植えることができる。それに比べて、売っているタネは遠くからいくつもの段階を経てようやく手元に届くので、そのあいだに活力を奪われてしまうことがある。

種と植物のひみつ

Q 自分で採れるのはどんなタネ？

売っているタネよりも自分で採ったタネのほうがたいていうまく育つので、園芸愛好家なら、遅かれ早かれ、自分の庭で育てているお気に入りの植物からタネを採ってみようと思うときがくるものだ。自家採種して大切にしまっておいたタネは、時期がきたら自分で蒔いてもいいし、仲間に譲ってもいい。タネを採る方法はいくつかあって、植物の種類によってちがう。

A どんな植物でも自家採種することができる。ただ、きちんと育つタネを集めるには、それぞれの植物に適した時期に、適した方法で採取することが大切だ。

収穫のときと手順

おおまかにいって、植物は花が咲いてからだいたい2か月後にタネをつける。植物が自然にタネを落とす頃を見計らって採取するのがいちばんいいので、そのタイミングを逃さないように、タネを採りたい植物をこまめに観察しておくことが大切だ。毎朝庭を見て回って観察を続けていれば、最適なタイミングはだいたい予想できるだろう。栽培業者の場合、タネを落としはじめている株もまだ機が熟していない株も一気に採取するしかないけれど、自分の庭で育てている植物なら、それぞれ株の成熟具合に応じて個別に採ることができるという利点がある。

いよいよそのときがきたら、タネをつけた枝か莢を摘みとり、紙袋に入れるか、新聞紙を敷いたトレイにのせる（莢が"破裂"してタネを飛ばす植物の場合は紙袋を使うことをお勧めする）。乾いたら枝を

◀ 自然のままのニンジンのタネはふさふさの毛におおわれていて、タネ同士がくっついている。売っているタネは、タネをもんで毛を取り除いてあるので、そのまま蒔くことができる。

種と植物のひみつ

◀ トマトとキュウリの実は水気が多いので、取り出した果肉に水を少し加え、数日間放置して発酵させてから、ザルなどに入れて水で洗い流し、タネを採る。

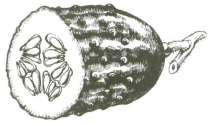

ゆすってタネを落とし、小分けにして袋詰めにする。袋には植物の名前と採取した日を忘れずに書いておこう。あとは、蒔く時期がくるまで涼しくて乾燥した場所に保管しておけばいい。

　トマトやキュウリのようにみずみずしい果実のなかにタネができる植物は、乾燥させるだけではタネを採れないので、べつのやり方で採る。まず果実を半分に切り、ていねいにくりぬいた果肉に水をすこし加えて何日か放置し、発酵させる。それから果肉を洗い流し、取り出したタネを新聞紙かペーパータオルに並べて乾燥させてから保管する。

タネの交換会

熱心な園芸家のあいだでは昔から自分の庭で採れたタネを交換する習慣があった。何世代も育ててきたトマトのタネを譲り、お返しにたくさん実がなるベニバナインゲンのタネをもらうといった具合だ。最近ではタネの交換会が各地で盛んに行われるようになってきた。「日曜日にタネ交換会を開催」といったポスターが貼られていたり、地元の情報誌に広告が掲載されたりするので、ぜひ参加してみてほしい。いままで知らなかった新しい品種や珍しい品種に出会えるだけでなく、近所の愛好家と知り合って、園芸の知識や育てかたなどの情報交換をすることもできる。自分で採ったタネを出品するときは、きちんと小袋に入れて、植物の名前と採取した日を記入しておくこと。育てかたのコツや成熟した植物の様子など役に立つ情報を書いておけば相手もきっとよろこんでくれるだろう。

植物にも寿命があるの？

なにをもって植物の"一生"とするかによって答は変わってくる。いま生きている花や茎が永遠に再生を繰り返して生長し続け、実質上は不死身ともいえるブドウ属には太古の昔に生まれた種類があって、なかでもサルタナとブラックコリントは、2000年以上生き続けているといわれているのだ。

> **A** 再生する植物を除けば、植物の寿命を知ることはできる。いちばん長生きするのは樹木だが、永遠に生き続けるわけではない。大雑把にいえば、だいたい500年くらいで寿命を迎える木が多いけれど、もっとずっと長生きする木もある。

動物は全身が同じペースで年を取る。トラの尾がある年齢なら、耳も肝臓も同じ年齢ということになる。ところが、植物は部位によってばらばらに年を取るので、大部分が老いて衰えても、茎と根だけは何世紀にもわたって若く活力に満ちたまま生育し続けることがある。木も損傷を負った部位だけを分断することができるので、事故や害虫や病気などの深刻な災難におそわれても生きのびられる。それでも、木は大きく育ちすぎたことが仇となって、だいたい500年くらいで寿命

▼ギリシャ原産のブラックコリント種のブドウ *Vitis* は、2000年以上ものあいだ干しブドウの原料として使われてきた。はるか昔に生まれたこのブドウは、再生を繰り返し、名実ともに不死身になった。

世界最古の木

長寿といわれる木々は、どれも独自の戦略を編みだして生きながらえてきた。セコイア *Sequoia sempervirens* は、環境さえ整っていれば驚くほど高くまで伸びて、数千年ものあいだ、生体組織を支えることができる。また、イチイ属 *Taxus* の木は、幹の内部を空洞にして、そのぶん根元をどんどん横へ広げ、古くなった部分をそっくりなくして新しく生長することで、老化による衰えを防ぐ。樹齢5000年を超える木もある。アメリカのネヴァダ州の砂漠に生息するブリッスルコーンパイン *Pinus longaeva* は、苛酷な環境を逆手にとって、ほとんど活動していないのではないかと思えるくらいゆっくり生長することで長生きする。プロメテウスの愛称で知られたブリッスルコーンパインの古木が1964年に切り倒されたときには、およそ4900の年輪が確認されたという。

ブリッスルコーンパイン
Pinus longaeva

が尽きる。大きな体を支えるには大量の細胞組織を養わなければならないが、大きくなりすぎると十分な栄養をまかなえなくなるからだ。栄養が足りなくなると、木は枝を落とし、どんどん小さくなって、最後は息絶える。いってみれば、いずれ死ぬためだけに生長し続けるようなものだ。

老いたふりをする

大きくなりすぎて生きていけなくなる問題をたくみに回避する木もある。たとえばオーク *Quercus* は、進化の過程で、いちど死んだふりをして復活するという技を身につけた。オークの木は上のほうの枝が落ち、いまにも朽ちそうに見えたとしても、活力を取り戻して幹の下のほうから新しい若い芽を生やし、また生長する。生長期の木は上のほうに生えている枝や芽からホルモンを分泌して、下のほうの枝や芽の生長を抑えるのが一般的だが、オークの木はその逆で、上部の古い枝を捨てて下の若い枝を生かし、長いときでは1世紀ものあいだそのまま生き続ける。それからまた枝を落として、新しく生まれ変わるというサイクルを繰り返す。こうしてオークはほかの木に比べて植物本来の寿命を格段に伸ばすことに成功した。

木はどれくらいで大人になるの？

木が生長するはやさは、生息地の気候やもともと生長がはやいか遅いかという性質だけでなく、気温、日照量、湿度、生長期の若木が十分な栄養を得られるかといった条件によっても変わる。有利な条件が揃えば、驚きのはやさで生長することもある。

生き急ぎ、若くして死ぬ

若い木は古木に比べて生長がはやい。倒れた大木の断面を見ればわかるように、たいていは中心に近い古い年輪ほど、外側の新しい年輪よりも幅が広い。樹齢を重ねるにつれて生長は遅くなり、寿命を迎える頃にはますますゆっくりになる。年輪の幅が0.5mmをきったら、もう死期が近いとみていい。カバノキ属 *Betula* のように、生き急いで若くして死ぬ木もある。カバノキの樹齢が80年を超えることは滅多になく、木としてはかなり短命といえる。毎年、すくすくと生長して幅の広い年輪をつくるけれど、突然衰えて、あっけなく死んでしまうのだ。

庭に植える木を選ぶときには、はやく育つ木がいいか子孫の代まで残る木がいいか、よく考えて決めるようにしよう。自分が生きているうちに大きくなった木の姿を愉しみたい人には、カバノキがお勧めだ。子孫のために木を残したい人は、オーク *Quercus* を選ぶといいだろう。

▼ 周囲にほかの木がないときは、木は横に広がるように大きくなる。周りに競争相手がいるときは、ほかの木よりもたくさん日光を浴びようとするので、縦に長く伸びる。

熱帯地方に生息する竹は1日で50cm伸びることがあるというが、イギリスでは木がそんなにはやく生長することはない。冬のあいだはほとんど生長しないし、夏でも日照時間が短く、気温が低いのでそれほど著しい生長は見られない。種類にもよるが、たいていは年に15〜50cm伸びる程度だ。

種と植物のひみつ 35

Q タネが小さいのは風に運んでもらうため？

風はタネにとって大切な運び手なので、なるべく遠くまで運んでもらえるように、タネのほうもいろいろと進化を遂げてきた。そのひとつとして、風が吹いたときにうまく流れに乗れるように殻になんらかの工夫がほどこされたタネを持つ植物がたくさんある。

風で運ばれるタネは小さいものが多い。ランのタネは細かい塵よりもずっと小さく、顕微鏡で見なければ確認できないほどだ。ヤナギのタネは1000個でわずか0.05gしかなく、同じく1000個で27gの稲のタネに比べると、いかに小さいかがわかる。タネが重くても空気力学をうまく利用して風に運んでもらう植物もある。セイヨウカジカエデ *Acer pseudoplatanus* のタネはわりと大きめ（1000個で97g）だが、ヘリコプターの翼のようなかたちをしているので、風に乗って遠くまでいくことができる。風で運ばれるタネのうちいちばん大きいものは、インドネシアに生息するハネフクベ *Alsomitra macrocarpa* といわれていて、タネに15cmほどの羽根がついている。ここまで大きいタネをつくるには相当な労力がいるので、つくれるタネの数が少ないのは仕方ない。

風に頼って移動するタネは、育ちやすい場所を選んで着地する傾向がある。1000個で0.5gのヤナギ属 *Salix* のタネは水の底を好み、1000個で60〜80gあるセイヨウトネリコ *Fraxinus excelsior* のタネは木が倒れて空いた場所にわれ先に陣取ろうとする。

▼ナズナ *Capsella bursa-pastoris* は果実のなかにたくさんのタネをつける。風が吹くと、一度に最大で5万個ものタネを飛ばす。ときには1株のタネが一度にぜんぶ風に運ばれて遠くまで届けられることもある。

A
風で運ばれるタネのほとんどはとても小さい。大きくて重いタネの場合は、風に乗ることができるように羽根やパラシュートに似た仕組みを持っている。

低木を刈り込むと生長がはやまる気がする？

注目してもらいたいのは、生長がはやまる"気がする"というところだ。刈り込んでから1年後の大きさと、刈らずにそのまま育ったと仮定したときの大きさを比べてみれば、そのまま生長した場合のほうが大きいに決まっている。ただ、低木ははっさり刈り込んだあと、すぐにもとの大きさに戻る。刈り込むと余計に生長して、むしろ大きくなったような錯覚を覚えるのはそのためだろう。

急生長のからくり

根は茎に水分と栄養を送り、茎は光合成によって葉のなかにつくられた糖を根に送る。根と茎はそうやっておたがいに支えあいながらバランスを保っている。根が茎に、茎が根に栄養を送りあうことで、ともに健康でいられるのだ。茎を短く刈り込んだとしても、根は茎を生長させてバランスを取ろうと栄養を送り続ける。植物は茎の先端の茎頂とよばれる場所で細胞を分裂させて生長する。先端を集中的に伸ばすために、茎頂は生長抑制ホルモンを分泌して、茎の下のほうから若い芽が育たないようにする。この性質を専門的には"頂部優勢"という。ところが、茎の先端を刈ってしまうと、このホルモンが送られなくなるので、茎の下のほうにある若い芽が一気に育ちはじめる。

▼ 頂芽の生長が側芽よりも優先される頂部優勢という性質によって、植物がどんなかたちに育ち、刈り込まれたあとにどう反応するかが決まる。

種と植物のひみつ 37

A 低木が刈り込まれたあと急に生長をはやめる理由はふたつある。ひとつは植物が本能的に根と茎のバランスを保とうとすること、もうひとつは頂部優勢というすこしややこしい性質があることだ。

根と茎のバランスを必死に保とうとすることに加えて、茎頂の優位性が失われたことで、どの茎からも若い芽がどんどん出てくるので、園芸経験が浅い人は、こんなことなら刈り込まないほうがよかったのではないかと思ってしまうのだ。

▲ シモツケ Spiraea japonica の花が咲いたら、まとまりのある見た目を保つために3本の茎のうち1本を完全に取りのぞき、新しい茎がきれいな花をつけるようにしむける。

刈り込みの極意

刈り込みの経験を積んだ人は、茎が極端に短くなりすぎないように、何シーズンかにわけて段階的に刈り込みをする。また、刈り込まれた反動で急に出てきた若い芽は植物の生長にとって好ましくないので、根に十分な栄養を送れるぶんだけ残しつつ、もともとの大きさに戻ってしまわない程度に間引きする。

◀ ハナスグリ Ribes sanguineum は希少価値の高い早咲きの花木。花が咲いたあと、地面に近い位置から出ている枝を3本に1本の割合で間引きすると、伸びすぎを防ぐことができる。

Q タネはどれくらい生きていられるの?

何世紀もの長いあいだ土のなかで眠っていたタネが遺跡から発掘されて芽を出したというニュースがときどき話題になる。こうした報告は証拠の信憑性に欠けることがあるし、親の植物から離れた瞬間にタネは劣化がはじまる。ただ、そのスピードはとても遅く、適切な環境で保存すればもっとゆっくりになるので、タネがずっと生き続けていたとしても不思議ではない。

A

空気が冷たく、乾燥した場所で保存されていれば、タネは何世紀も生き続けられることが実証されている。家庭で保存しているタネはそこまで長生きできないので、劣化してしまわないように気をつけよう!

命はゆっくり燃え尽きる

世界一長寿のタネとして確認されている記録がいくつかある。古代の遺跡から1000年くらい前のハス *Nelumbo* のタネが発見され、のちに発芽したことが何度かある(ハスのタネは湿気の多い環境で発見されていて、"冷たく乾燥した"場所でなら長生きできるという定説を覆した事例でもある。もっとも、ハスは水生植物なので、湿気に強いのは当然だ)。2000年前のナツメヤシ *Phoenix dactylifera* のタネが芽を出したという報告もある。これらをはるかに凌いで真の勝者となったはマンテマ属 *Silene* のタネで、ロシアの科学者が3万2000年前のタネの発芽に成功したと発表している。再現実験によって正当性が証明されれば、タネの寿命の限界はこれまで確認されているよりもずっと長いということになる。

◀ ナツメヤシ *Phoenix dactylifera* は、暑さの厳しい乾燥地帯で、オアシスのように地下に豊富な水分のある場所を選んで、5000年以上生息し続けてきた。

タネの貯蔵庫──後世にタネを残すために

野生または栽培されている植物のなかには、農作物の品種改良や未来の生物多様性を保つために大切な存在であるにもかかわらず、絶滅の危機にさらされている品種がある。タネまたは遺伝子の貯蔵庫とは、そうした絶滅危惧種のタネを集めて保管しておく施設なのだが、維持費用が高額なうえに、冷凍技術が安定していないことも多い。そんななか、北極海のスピッツベルゲン島にあるスヴァールバル世界種子貯蔵庫では、氷山に掘った長いトンネルを利用して理想的な条件のもとでタネを保存している。2016年現在で86万種類を超えるタネの標本がマイナス18度で保管されていて、運営に携わる科学者によれば、タネは劣化することなく数世紀間の保存に耐えられる見込みだという。参考までに、一般家庭でタネを保存しておく場合の寿命も紹介しておこう。

最長3年：キンギョソウ属 *Antirrhinum*、ジギタリス属 *Digitalis*、レタス、リーキ、タマネギ、パンジー *Viola × wittrockiana*、パセリ、パースニップ（ニンジンに似た根菜）、トウモロコシなど

最長6年：ブロッコリー、ニンジン、ズッキーニ、キュウリ、キンレンカ *Tropaeolum*、タバコ属 *Nicotiana*、エリシマム属（エゾスズシロ属）*Erysimum*、ヒャクニチソウ属 *Zinnia* など

最長9年：キャベツ、カブ、スウェーデンカブなど

最長10年：トマト、ハツカダイコンなど

キツネノテブクロ
Digitalis purpurea

ハツカダイコン
Raphanus sativa

芝刈りを1年間さぼったらどうなるの？

芝生を芝生らしく保つには、こまめな芝刈りが欠かせない。もし芝を刈らずに、1週間、数か月、はたまた何年も放っておいたらどうなるのだろう？　答はそもそも芝生にどんな草が生えているかによって変わる。

芝生は人の手が加わってはじめて芝生になる。もともと地を這うように伸びる習性のある草を短く刈り、肥料を与えて、ぴんと立たせることができてはじめて芝生になる。芝が伸びると、シラゲガヤ Holcus lanatus などの雑草が入り込んでくる（ちなみに、イギリスではシラゲガヤは"ヨークシャーの霧"という情感あふれる名前で呼ばれている）。そのまま放っておくと、枯れて干し草のようになった雑草に芝生が占拠されてしまう。さらにひと月が過ぎ、1年が過ぎると、若木が生えはじめる。鳥がどこかで食べたタネを排泄し、リスがドングリや木の実を植え、セイヨウカジカエデ Acer pseudoplatanus やトネリコ属 Fraxinus

芝はもともとヒツジなどの草食動物に食べられていた。現在では草食動物の代わりに、草刈機が草を食む役目を果たしている。刈らずに放っておくと、芝は大きな草花や、背が高くて強い雑草との生存競争に負けてしまう。

のタネが遠くから風に運ばれてやってくる。そうしてほったらかしにされた芝生はあっという間に森になり、本来の自然の姿に戻る。やがて10〜20年が経つと、カバノキ属 Betula やヤナギ属 Salix など短命の木々は死に絶え、トネリコやコナラ属 Quercus などに取って代わられる。それから長い時間をかけて完全に野生の森となり、ビーバーなどの動物が戻ってくる。

英語では"ヨークシャーの霧"と呼ばれる
シラゲガヤ Holcus lanatus

どこまでが低木でどこからが高木？

一般論としては、高木は1本の太い幹を持ち、地面からある程度離れた幹の上部から枝が生えて、頂部が茂っている。それに比べて、低木は地面すれすれか、根元に近いあたりから何本も茎が伸びる。ただ、この原則にあてはまらない木ももちろんある。

ハシバミ属 Corylus のように、地面の近くから複数の茎（枝）が生えるため低木に分類されていても、高木並みに大きくなる木がある。一方、クリ属 Castanea やヤナギ属 Salix の一部など、だいたい10〜15年おきに剪定しても、すぐに何本もの幹がどんどん伸びてくる高木もある。これらの木は、軽量な木材として農業や建築、木炭の原料、垣根などに昔から活用されているほか、園芸の世界でも人気がある。

高木と低木の樹高にもはっきりした区別はない。林業や造園業などに携わる専門家は、樹高が8m以上あるものを高木と呼ぶが、一般家庭の庭木なら、樹高3mくらいでも高木と呼ぶことがある。また、低木であっても、高木と同じくらい大きくなる木や背が高くなる木もある。

狭い庭には低木を植えるほうがいい。なるべく高く伸びるように育て、余分な枝

> 低木には主幹がなく、地面に近い根元から何本もの茎が伸びる。高木は1本の太い幹があり、地面から離れた高い位置から枝が伸び、頂部が茂って樹冠をつくる。

を切り落とせば、それでじゅうぶん高木の代わりにもなる。ハグマノキ Cotinus coggygria、ジューンベリー Amelanchier canadensis、ナナカマド属のソルブス・ヴィルモリニ Sorbus vilmorinii などがお勧めだ。

▼ 低木は植物界の強者として知られていて、高木が耐えられない環境でも生きていける。高木のように1本の幹に頼るのではなく、複数の茎を持つことで、危険を分散しているからだ。

まっすぐ育つニンジンと曲がってしまうニンジンがあるのはなぜ？

スーパーマーケットで売っているニンジンしか知らない人なら、ニンジンは煙突のようにまっすぐにかたちが整っていて、なかには（とくに高級な店で売っているものは）鮮やかな緑色の葉がたくさんついていると思い込んでいても仕方がない。ところが、いざ自分の庭で育ててみると、実はそうではないことがわかる。

繊細な野菜

ニンジンはタネが芽を出す環境によって、先が割れたり、曲がったりすることがある。原因はいろいろあって、土の目が詰まっていてかたい、地中に石がある、水はけが悪いなどの理由で曲がってしまったり、ほんの小さな障害物があるだけでも、それを避けようとして先が割れたりする。シードトレイで育てた苗を植え替えると先が割れてしまうことが多い。せっせと土を掘りかえし、草取りをするなど、手をかけすぎることもニンジンが曲がる原因になる。

また、微生物のせいで曲がってしまうこともある。なかでもネグサレセンチュウ類は、その名のとおり作物の根をだめにすることで知られている。何年も同じ場所で栽培を続けていると微生物の被害に遭いや

◀ オレンジ色のニンジンは15世紀にオランダからイギリスに伝わり、赤紫色や白いニンジンに代わって主流になった。現在、イギリスでは、年間70万トンのニンジンが生産されている。

> ニンジンの苗はとても繊細で、土のなかにほんのちょっとした邪魔者がいるだけで根がまっすぐ伸びられなくなって生長が阻害されてしまう。害虫にも弱く、攻撃されるとうまく育たないことがある。

すくなるので、栽培する場所を年ごとに周期的に変えるといい。

ただ、曲がっていても使い道はある。かたちの不揃いなニンジンは家畜の飼料として利用できるだけでなく、最近では食品廃棄への意識が高まっていることもあって、"不恰好"な野菜としてふつうより安い値段で売られることも増えてきている。曲がっているので皮むきは大変だけれど、そのぶん安いので買い手も納得する。それに、たとえ先がいくつに割れていたとしても、栄養価が変わることはない。

完璧なニンジンを育てるには

ニンジンを上手に育てたいなら、展示会にいつも出品している専門家の栽培方法を参考にするといい。

- ドラム缶のような大きな容器を目の粗い砂でいっぱいにする。

- バールを使って砂に円錐状の穴を開ける。穴は1缶につき6個までにする。やせた土をふるいにかけ、同量の有機肥料を混ぜて、開けた穴に入れる(ネットショップや近所の園芸店で買える栄養剤を加えてもいい)。

- 土を入れた穴にタネを蒔く。

こうして根の発育を邪魔するものがない理想的な環境を準備してやれば、まっすぐでかたちのいいニンジンが育つ。

根が長い種類は先が割れやすいので、かたちの整ったニンジンをたくさん収穫したいなら、短い種類を選ぶといい。シャントネキャロットは根が短いのでお勧めだ。

ランのタネはどうして買えないの？

ランのタネは塵のようにとてつもなく小さい。タネが小さいことには、いい面もあれば悪い面もある。大きなタネとちがって、ランのタネは栄養素をほとんど含んでいない。そのため芽が出てから光合成できるようになるまでのあいだに、栄養が足りなくなって生きのびられなくなるおそれがある。いい面としては、ひとつひとつのタネが小さいぶん大量のタネをつくることができるので、芽を出して生き残るのはそのうちわずかだけでいい。

かけがえのない相棒

栄養のすくない小さなタネをつくるなんてまるで自滅行為のように思えるかもしれないけれど、ランはその問題を解決できるように進化を遂げてきた。その解決策とは、特定の菌類と協力関係を結ぶことだ。芽が出たあと、光合成をはじめて自分の力で生きられるようになるまで、菌類に栄養を与えてもらうのだ。この菌類がいなければランのタネは生きのびられないのだが、協力者の菌類はランのタネと一緒に買うことができない。一般の園芸店でランのタネが売られていないのはそのためだ。専門家向けには、フラスコのなかに発芽したタネとランが寄生する菌を植えつけた人工の培地を入れたものがある。この方法で育てるときは、若芽の生長に合わせて何度も大きめのフラスコに移し替えなけ

◀ 微細繁殖によってランの栽培コストがさがったことで、いまではランは花の咲く室内植物としてはイギリス国内でいちばんの売れ筋と言われている。

種と植物のひみつ　45

A ランのタネは小さいだけでなく、発芽させるのがむずかしい。ランのタネが店頭に並んでいないのは、手がかかりすぎて一般家庭では栽培できないからだ。

ればならず、ランが成熟して花をつけるようになるまでに数年かかる。専門の研究所では、もっとはやく、たくさん栽培するために微細繁殖という方法を使う。

　自然にまかせてランを咲かせてみようと目論むアマチュア園芸家もいる。ランが咲いているということは、まわりに相棒となる菌がいるはずなので、その近くにタネを蒔けばランが育つ可能性はある。いちかばちかの賭けではあるけれど、もしかしたらうまくいくことがあるかもしれない。

タネが小さいのはランだけじゃない？

ランに限らず、大きいタネをつくるより、小さいタネをたくさんつくって、そのうちわずかだけが生き残ればいいという戦略に頼る植物は珍しくない。なかでも、ストライガ属はこの方法をうまく利用して繁殖することに成功した。世界中の熱帯地域に生息する寄生植物で、モロコシ、キビ、トウモロコシなどに害を及ぼすことで知られている。繁殖力が強い理由は、小さくて軽いタネにある。ひとつの個体から50万個ものタネが生まれ、すこしでも風が吹けば運んでもらうことができるだけでなく、生命力を保ったまま最長で10年もの長いあいだ休眠していられるのだ。

"魔女の雑草"と呼ばれる
ストライガ属の一種
Striga elegans

サボテンはどこからやってきた？

サボテンは植物のなかでもとりわけ生存能力が高い。乾燥した砂漠という苛酷な環境に適応するために、一風変わった特徴を持つように進化してきたからだ。見てすぐにはっきりわかる特徴とそうでないものがあるが、ほとんどのサボテンは葉の代わりに棘があり、水分を蓄えておくために柱に似た縦長の姿をしていて、水分の蒸発を防げるように蠟のような表皮に覆われている。

サボテンと聞くと、誰もがすぐにあの特徴的な姿を思い浮かべるだろう。ところが、サボテンにもいろいろ種類があって、見た目もどうやって生きているかもさまざまだ。アメリカ南西部のソノラ砂漠に生息しているベンケイチュウ *Carnegiea gigantea* は、めったに降らない雨水をできるだけ効率よく吸収できるように、根を浅く広く張る。林に生息するサボテンは、根をまったく持たず、そのぶん上に高く伸びて、ごくまれにおりる露やときどきしか降らない雨に頼って生きている。サボテンの多くは、日が出ていて暑い日中は気孔を閉じて水分の蒸発を防ぎ、夜になったら気孔を開く。そうやって二酸化炭素の排出をできるだけ抑えつつ、複雑な化学反応を利用して最低限の光合成ができるしくみになっている。だから、サボテンは生長がとても遅い。

昔の西部劇は、サボテンがたくさん生えている景色を使って雰囲気を演出していたが、実際、サボテン科 *Cactaceae* の大部分は南北アメリカ大陸が原産だ。ほかの地域の砂漠にもサボテンに似た植物が見られる。たとえば南アフリカには"アフリカのミルクバケツ" *Euphorbia horrida* というかわいらしい名前の植物が生息しているが、似ているとはいってもサボテンの仲間ではない。

種と植物のひみつ　47

植物に話しかけるとほんとうによく育つの？

どこからの情報を鵜呑みにしたのか、人が植物に話しかけるのは、植物のためというよりは、自分が癒やされるためか、幻を見ているかのどちらかだ。そもそも植物が人との会話を愉しんでいるかどうかなんて、わかるはずがない。メディアには"植物と話をする人"がたびたび登場するが、植物に話しかけることに効果があるという科学的な根拠が示されることはほとんどない。

植物に話しかけるとよく育つという考えは、言葉を発するときに出る二酸化炭素が植物にとって有用だという説に基づいている。ただ、そのことを実証するのはむずかしい。人が吐く息に含まれる二酸化炭素はすぐに消えてしまうので、植物がその恩恵にあずかれるとは考えにくい。

植物にいろいろな音楽を聴かせるといい、という似たような説もある。いかにもメディアが飛びつきそうな話題ではあるが、こちらも根拠はない。とはいえ、植物と話をすることを頭ごなしに否定するのもどうかと思う。よく晴れた日に、温室の二酸化炭素の濃度を人工的に上げると、植物の生長がぐんとはやまるのだから、話しかけることで同じように二酸化炭素が増えれば効果はあるかもしれない。ただ、植物の生育に影響を及ぼすくらい二酸化炭素を増やすには、湿度の高い閉ざされた空間で、かなり長い時間話しかけ続けなければならない。

では、人間のほうはどうだろう？　植物を育て、世話をすることでストレスが軽減され、憂鬱な気分を晴らしてくれるなど、人間の心理にいい影響を与えることは多くの研究で明らかになっていて、疑いの余地はない。

話しかけるより触れてあげよう

植物に話しかけてもあまり意味がないとわかったら、その代わりにやさしく触れてあげるといい。そうすると植物が風に吹かれたと勘違いして、耐えられるように茎を太くし、葉を茂らせて強くなる。

よそからの侵略者?

雑草が望まれない場所に育つ植物だとするなら、侵略的外来種は雑草界最強のエイリアンだ。映画のように宇宙からやってくるわけではないけれど、新しい土地に侵略してもともと生息している植物にとんでもない被害をもたらし、最後には、期せずして侵略者をもてなすことになってしまったその土地を占拠する。ときには、侵略がはじまったと思った途端、あっという間に占領されてしまうこともある。

招かれざる客

イタドリ *Fallopia japonica* はイギリスでは外来種の侵略者として古くから知られている。原産地の日本では、天敵や病気の脅威があるせいか、控えめでおとなしくしているが、ひとたび海を越えると性格が一変する。イタドリはヴィクトリア朝時代に観賞用の植物として持ち込まれたのだが、はやくも1907年には園芸の手引書で「植えたら最後、追い出せなくなる」と警告されていて、現在のイギリスではいちばん厄介な雑草といわれている。まめに耕している農地か、草食動物が草を食む牧草地であれば、それほど問題にはならないが、都市部ではすぐに居場所を確保して、たちまち縄張りを広げる。根がほんのひとか

侵略的外来種とは、偶然にしろ、故意にしろ、世界のある地域からべつの地域へ連れてこられた雑草のことだ。もともと生息している地域とちがって、新しい土地には侵略を阻む敵や病気といった脅威がないので、暴走することがある。

◀ イギリスに生息するイタドリ *Fallopia japonica* はすべて雌花。もし雄花も持ち込まれたらタネがつくれるようになって、タネから育った個体まで増えることになるので、ますます制御できなくなる。

世界一の嫌われ者

国際自然保護連合が2013年に世界一嫌われ者の雑草を決める投票を実施した。並みいる強豪をおさえて不名誉な栄冠に輝いたのは、オオサンショウモ *Salvinia molesta* だった。オオサンショウモはブラジル原産の水生植物で、ひとたび持ち込まれるとどんな場所でも繁殖して川や運河をふさぎ、貯水池や水力発電所に被害をもたらす。すさまじい勢いで増え続けてほかの水生植物の命をおびやかすだけでなく、朽ちかけた体の一部が水中の酸素を奪うので、魚や水生動物も生きていけなくなり、減少の危機にさらされる。

▲ ロドデンドロン・ポンティクム *Rhododendron ponticum* は毎年100万個ものタネをつくり、そのタネは風に乗って最大で500m先まで分散するという。この植物の侵略は、イギリスとフランスの一部地域で深刻な問題になっている。

けら残っているだけでも再生するので、徹底的に(それこそ重機を使って)掘りかえすか、超強力な除草剤を最低でも2年間散布し続けない限り、根絶するのはむずかしく、川岸や運河の周囲はとくに繁殖しやすい。イギリスの自然界にはイタドリの猛攻をとめられる相手がいないので、迎え撃とうにも負け戦になることは目に見えている。外来種の雑草が怖いほんとうの理由は、生物多様性を破壊して共存できなくしてしまうことだ。イタドリにかぎらず、外来種はもともと珍しい植物として装飾用に輸入されたものばかりなので見た目はきれいだけれど、殺人鬼さながらに弱い相手の息を根をとめる。イギリスで猛威をふるっている外来種には、ほかにシャクナゲの仲間で、黒海の近くが原産のロドデンドロン・ポンティクム *Rhododendron ponticum* がある。酸性の土地で育ち、すぐに大きな茂みをつくって、下に生えている植物をみんな殺してしまう。また、フジウツギ *Buddleja* は、英語で"蝶の木"と呼ばれるとおり昆虫には好かれるが、ほかの植物をだめにしてしまう。

食べられるキノコと食べられないキノコ、どうちがうの？

キノコには食べられるものと、毒があって食べられないものがあるけれど、どうやって見分ければいいのだろう。残念ながら、はっきりした答はない。フライパンのなかでジュージューと音をたてているおいしそうなキノコと、真っ赤なカサにいかにも気味の悪い白い斑点があって、とうてい食べる気にはなれないキノコはぜんぜんちがうものに見えるかもしれないが、科学的には両者のあいだに明確な区別はない。

担子菌類には、ホコリタケ *Lycoperdon* やナラタケ *Armillaria mellea* など、たくさんのキノコがある。ナラタケは木の根に寄生して菌糸のかたまり（菌糸体）を形成し、樹皮の内側に広がるため、木を好んで育てている園芸家にとって悩みの種になる。寄生したナラタケはやがて靴ひもに似た黒くて太い菌糸束を木の根にまとわりつかせ、腐らせる。その木が病気になって枯れたら、菌糸束を伸ばして近くにあるべつの木に寄生して感染させる。ナラタケの被害はさいしょに発生した一帯だけに限られるこ

菌学者やキノコの愛好家はキノコを区別しない。彼らにとっては食べられるキノコも食べられないキノコも担子菌類の実（子実体）であることに変わりはない。

とがほとんどだが、地下に広がる菌糸からハチミツ色のキノコが生え、そのキノコから生まれた胞子が風に運ばれて、遠く離れた地域まで感染がひろがることもある。

食べられるキノコの見分けかた

食べられるキノコと食べられないキノコに科学的なちがいがないとはいえ、食用になるかという点では、どれが食べられて、どれが体に悪いのかを知っていなければならない。毒キノコというと怪しげな噂ばかりが目立つけれど、具合が悪くなるほど毒性の強いキノコはとても珍しく、死に至るほどの猛毒を持つものとなると、わずか1％ほどにすぎない。イタリアやジョージアなどキノコ採りがとくに盛んな国では、

◀ ナラタケ *Armillaria mellea* は生きている木に寄生して殺してしまう数少ないキノコ。ほとんどのキノコは無害だ。

おすすめの食用キノコ

食卓でお馴染みのマッシュルーム *Agaricus bisporus* のほか、最近ではシイタケ *Lentinus edodes* やヒラタケ *Pleurotus ostreatus*、もっと珍しいものではライオンのたてがみに似たヤマブシタケ *Hericium erinaceus*、ウスヒラタケ *Pleurotus pulmonarius* なども簡単に買えるようになってきた。マッシュルームに似た味のシロオオハラタケ *Agaricus arvensis*、鮮やかなオレンジ色で、花のように繊細な香りと食感が魅力のアンズタケ *Cantharellus cibarius* など、一般の食料品店ではお目にかかれないものも、市場へ出向けば手に入れることができる。

高級食材として有名なトリュフは、おなじ菌類でも担子菌類ではなく、子囊菌類の仲間だ。

栽培種のマッシュルーム
Agaricus bisporus

ヒラタケ
Pleurotus ostreatus

アマチュアのキノコ愛好家でも食べられるものと触ってはいけないものをよく知っていて、誰もがキノコの収穫期を今か今かと心待ちにしている。彼らの真似をするなら、きちんとした知識を身につけていることが肝心だ。とはいえ、わざわざ自分で採らなくても、最近では栽培されているキノコの種類も増えているので、市場に行けばいろいろな種類から選ぶ愉しみを味わうことができる。

葉が針のようなかたちをしている木があるのはなぜ？

大原則として、厳しい環境で生きている植物ほど葉は小さくなる。葉を極限まで小さくしたのが針葉だ。針葉も真ん中に葉脈が通っていて、その周りに葉緑素を含む細胞がある。表皮は水を弾くように厚く、水分が蒸発しないように蠟で覆われている。ふつうの葉に比べて、気孔の数は極端に少ない。

植物ができるだけ水分を失わないようにするためには、針葉がとても役に立つ。だから熱帯に生息する木には針葉のほうが都合がいい。針葉樹は寒さの厳しい地域にも見られるが、それも理にかなっている。冬になると土が凍って、木が水分を吸い上げられなくなるからだ。

針葉の利点は水分の喪失を最小限に抑えられるだけではない。そもそも水分をあまり蓄えていないので、たとえ葉のなかの水分が凍ったとしても、ダメージが少ない。また、吹雪に見舞われても、針葉なら雪が滑り落ちて重さに負けることもないし、強い風は針葉のあいだを通り抜けるので枝が折れることもない。

針葉を持つ木はたいてい常緑樹だが、ヨーロッパカラマツ *Larix decidua* のように、秋になると葉を落とす落葉性の針葉樹もある。多くは葉を落とさなければ冬を越せない極寒の山岳地帯などに見られる。

鱗片葉 vs 針葉

レイランドヒノキ *Cuprocyparis leylandii* やベイスギ *Thuja plicata* など、針葉の代わりに鱗片葉を持つ植物もある。鱗片葉も針葉と同じように、厳しい環境で生きのびていくために小さくなった葉だ。鱗片葉の難点は、どこから見ても代わり映えしないことだ。枝葉が密に生えているという点を逆に活かして生垣によく利用される。

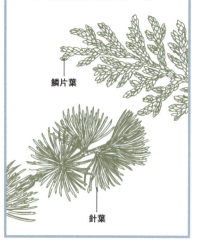

鱗片葉

針葉

どうして植物には棘があるの？

動物にとって植物は大事な食べ物だけれど、植物のほうは食べられまいとして、いろいろと手を尽くす。植物が身を守る方法には、体内に有毒な化学物質を発生させる、表面をざらざらにする、かたい毛や蠟のような表皮で体を覆うなどがある。なかでも広く見られるのは、棘で動物を追い払うという方法だ。棘は自前の剣のようなもので、棘がたくさんあると、食べようとしたときに口や皮膚や眼が傷ついてしまうかもしれないので、動物が近づかなくなる。

セイヨウヒイラギ
Ilex aquifolium

棘をなくす

ブラックベリーやセイヨウスグリなど、もともと棘がある果樹が棘を持たなくなるように品種改良して、実を収穫しやすくすることがある。突然変異によって生まれた棘のない個体同士を何度も掛け合わせることで、棘を持たない果樹が生まれる。

棘は最大の防御

セイヨウヒイラギ *Ilex aquifolium* は発育段階に応じて身の守りかたを変える賢い植物の代表例だ。生長期のあいだは若芽を守るために葉は革のようにつるつるで、たくさんの棘で体を覆っている。やがて丈が伸びて草食動物に食べられる危険がなくなると棘がなくなり、そのぶん栄養を蓄えて光合成の効率をあげる。アラビアゴムノキ *Acacia senegal* も同じように丈が伸びると棘がなくなり、こんどはベトベトしたゴムを出して動物に食べられるのを防ぐといわれている。

棘は植物にとって大事な防御策ではあるが、生き残るための戦略のひとつに過ぎない。植物の活力のうち、身を守るために使われるのは一部だけで、残りは再生するために使われる。そうすることで、それぞれの個体が生き残り、子孫が存続できるようにしている。

Q F1種ってどんなタネ？

庭で育てようと思って買ってくるタネはほとんどが雑種で、系統は近いけれど異なる遺伝子を持つ親同士を掛け合わせてつくられている。他家受粉が偶然おこって、たまたま雑種が生まれることもあるが、新しい植物のほとんどは養種家が意図的に生み出したものだ。異なる品種同士を交配させて生まれた個体のなかから、両方の親のすぐれた特徴がうまく組み合わさって表れているものが選ばれ、新しい品種になる。

雑種の強み

F1の雑種は、近交系の親同士を交配させてつくる。近交系とは何世代にもわたって近親交配を繰り返して生まれた、均質な遺伝子を持つ個体群のことをいう。ほかの個体や株から受粉する他家受粉による異系交配とちがって、近親交配では自家受粉によって生まれた同系の親同士を、徹底した管理のもとで交配させる。そうや

って養種家の望みどおりの特徴を備えた品種をつくることができる一方で、動物の場合と同じように、近親交配で生まれた個体は生まれつき弱かったり、きちんと生長できなかったりすることも多い。また、浅いプールでは船を漕げないのと同じように、遺伝子プール（同種の個体群が持つすべての遺伝子）に蓄えられている遺伝子の種類が少ないので、当然ながら遺伝子

高くつく仕事

同系の親のすぐれた特徴をうまく組み合わせて受け継ぎ、理想的な子孫が生まれるように近親交配によって品種を開発して維持することは、技術的にもとてもむずかしく、コストもかかる。それでも、望みどおりの植物が生まれて、努力が報われることも少なくない。種苗業者は、開発した品種からタネを採り、そのタネを販売するが、新しい植物がどんな遺伝子の組み合わせによって生まれたかは大切な企業秘密なので、絶対に明かさない。F1種のタネから育てた植物が他家受粉して生まれた個体はF2世代と呼ばれる。遺伝子の制約が少なく、雑種強勢は起こらないので、個体差が大きく、総じて弱い。親と同一の特徴を備えた植物を育てたいなら、毎年新しいF1種のタネを買うしかない。

種と植物のひみつ　55

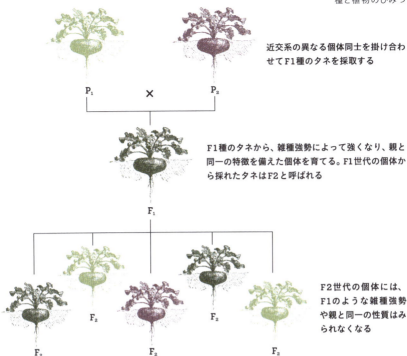

近交系の異なる個体同士を掛け合わせてF1種のタネを採取する

F1種のタネから、雑種強勢によって強くなり、親と同一の特徴を備えた個体を育てる。F1世代の個体から採れたタネはF2と呼ばれる

F2世代の個体には、F1のような雑種強勢や親と同一の性質はみられなくなる

の多様性が失われ、活力も低下する。

　それでも近親交配を繰り返していくと、やがてまったく同一の染色体を持つ個体が生まれるようになり（これを同型接合という）、さらに交配を続けると雑種強勢という現象が起こって、親と同一の特徴を受け継ぎつつ、生命力の強い個体になる。この方法を使うと同じ性質の個体をたくさん生産できるようになるので、農作物や園芸用の草花など主に商業目的で利用されている。

▼コールラビはキャベツの仲間で、ほかの仲間たちと同じように自家受粉ができない。近親交配をしたいときは、まだ開いていない花を切って開き、人工的に受粉させる。

A タネの袋にF1と書いてあるのは、近交系の親同士を他家受粉させてつくった第1世代のタネという意味だ。"F"は世代、"1"はそのタネが何世代目かを表している。

手をかけて育てた植物は枯れてしまうのに野生の植物が生きのびられるのはなぜ？

野生の植物のほうが生きのびる確率が高いと思われがちだが、実はそうではない。実際には、野生の植物のタネが芽を出して大人になれる確率はとても低い。ではどうしてそんな誤解が生まれたのかというと、野生の植物のタネは、道路の盛土や栄養たっぷりの庭など人間の手が入っている場所でもどこからともなく芽を出すからだ。本来の野生の生息地とちがって生存競争が激しくないので、いとも簡単に、生き生きと生長しているように見えるのだ。

野生植物の生存率

野生植物は生き残りをかけて莫大な数のタネをまき散らす。そのうちのいくつかが無事に大人になって、繁殖できるようになれば、その植物は存続できる。たとえば、コナラ属 *Quercus* の木は、一生のうちに500万個のドングリを生むが、環境が整っていたとしても、成木まで生長するのはそのうちのごくわずかにすぎない。ざっくり言うと、90％からほぼ100％近くがタ

> 好きな植物をせっかく庭に植えてもうまく育たないことがあるが、その理由はさまざまだ。庭だと植えた植物が育たなかったことがすぐにわかるので、野生の植物のほうが生き残っているように見えるかもしれないけれど、大人になれずに消えていく野生植物の数は比べものにならないほど多い。

▶ コナラ属 *Quercus* はそれぞれの木が最大で1トンものドングリを生む。1ヘクタールあたり18本の木があるだけで小麦の生産量を上回る（イギリスの現在の小麦の生産量の最高記録は1ヘクタールあたり16トン）。

種と植物のひみつ　57

栽培種がうまく育たない主な原因

自分の育て方が悪かったと悔やむ人もいるけれど、その植物やタネがもともと備えている特徴のせいで残念な結果に終わることもある。

・**タネの質が悪い**：店で売られているタネは新鮮さに欠ける。収穫されてから、洗浄され、梱包され、出荷するまでに時間がかかるので、そのあいだにタネの品質が劣化してしまうことがある。

・**天候**：どんな植物がどんな場所に植えられたとしても、悪天候には勝てない。季節外れの霜が降りたり、干ばつが続いたりすると、もともと健康だった植物も枯れてしまう。

・**過保護**：園芸店で買ってくる鉢植えの植物は、自然環境とは違う特別な土に植えられているだけでなく、頻繁に水をやり、おそらく栄養剤や殺虫剤も駆使して大切に育てられている。だから、庭の土に植えかえると、甘やかされて育った植物は、密度が高い、水気が多い、冷たい、水はけが悪いなどの環境に馴染むことができずに枯れてしまう。

ネのうちに食べられ、芽を出すチャンスにすら恵まれずに終わってしまう。タネのあいだは生き残りをかけた競争にさらされずに運良く芽を出すことができたとしても、芽を食べられてしまうか、強力なライヴァルが現れて負けてしまうのがおちだ。コナラ属の場合、ドングリのなかにあるタネから無事に芽が出たとしても、悪天候や害虫、病気だけでなく、草食動物に食べられてしまうかもしれないという危険に20年も

のあいださらされ続け、生きのびた木だけがようやく繁殖できるようになる。農家や園芸家が育てている植物が野生の植物と同じ確率でしか生き残れないとしたら、ほとんどが死んでしまうことになる。

ただ、手をかけて世話をしてやれば、生存率は一気に高くなる。好条件の揃った環境で栽培されている果樹の生存率は95％にのぼる。園芸店で売られているニンジンのタネは、1袋のうち80％が芽を出し、50％が元気な若芽に育つ。

ピーマンの実のなかの空気と外の空気は同じ？

これはどちらかというと専門家が興味を持ちそうな問題で、その真偽をたしかめようと長いあいだ実験が繰り返されてきた。ピーマン *Capsicum annuum* はトウガラシ属の仲間で、そのなめらかな表面にはどう見ても気孔があるようには見えないので、"呼吸"ができないのだから実のなかの空気は外の空気とはちがうだろうと思っている人が多い。

つやつやした外皮の内と外のあいだでは空気の行き来は限られていると考えるのが自然で、むしろ実のなかの空気にはより多くの二酸化炭素が含まれていたとしても不思議ではない。ある実験で、ピーマンのなかの酸素を人工的に減らしたらタネの発芽にどう影響するかを観察したところ、酸素を失ったタネはうまく育たなかった。このことから、ピーマンはタネをきちんと生長させるために、自力で内部環境を整えていることがわかった。

ひとつ答がわかると、もっと知りたくなるもので、疑問が次から次へと湧いてくる。ピーマンのなかの空気は昼と夜でちがうのか？ ピーマンが生長するにつれて、なかの空気の成分も変わるのだろうか？ 役に立つかどうかはべつとして、インターネット上にはこうした疑問に対して憶測での回答がいろいろと投稿されているので、のぞいて見るとおもしろいかもしれない。

A ピーマンのなかの空気と外の空気を比べたところ、実際に成分がちがうことがわかった。空気にはふつう窒素78％、酸素21％のほかにアルゴンや二酸化炭素などいくつかの気体と水蒸気が含まれている。ピーマンのなかの空気は外の空気に比べて酸素が2〜3％少なく、逆に二酸化炭素が最大で3％多く含まれている。

種と植物のひみつ　59

Q タネはどうやって上と下を知るの？

タネには方向がわかる。植えられたときにどちらを向いていても、発芽したタネの根は地面のなかを下へ向かって伸び、芽は逆に光の当たる地上をめざして上へ伸びていく。タネはどうして上と下がわかるのだろう？　方向を間違えてしまうことはないのだろうか？

上？　それとも下？
めざす道はひとつ

根が下へ伸びなければ芽は生きていけない。地中にしっかり根を張って土台となり、水分を取り込まなければ、植物は生長できないからだ。実際、根は下へ下へと進む性質がある。この性質は重力屈性と呼ばれていて、詳しい仕組みはまだはっきりわかっていないのだが、根の先にある平衡細胞が重力を感知して下方向への生長を促すといわれている。平衡細胞は根の先端にあるので、根の先端が傷つくと、傷が治るまで生長が止まってしまい、下に向かって伸びられ

A

芽が出る前のタネは眠っている状態で、このときはまだ方向感覚はない。ひとたび芽が出ると、茎と根が重力を感知するようになって、根は地中深く、茎は上に向かって伸びはじめる。

なくなる。側根が横へ広がるように伸びる理屈も同じく重力屈性によるもので、側根では重力を感じる平衡細胞が縦ではなく横方向への生長を促す。茎にも平衡細胞がある。この細胞にはでんぷんがたくさん含まれていて、でんぷんが重力を受けて下へおりていき、その反動で茎が上に伸びる。根とちがって茎の平衡細胞は全体に散らばっているので、たとえどこかが傷ついても、上に向かって伸び続けることができる。

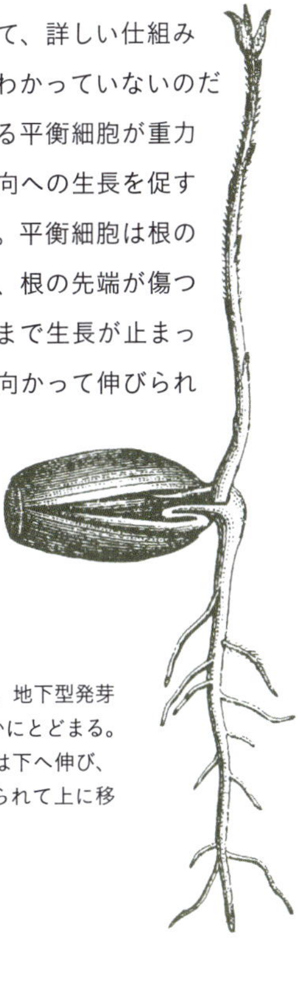

▶ この図のように、地下型発芽ではタネは土のなかにとどまる。地上型発芽では根は下へ伸び、タネは茎に引っ張られて上に移動する。

水は植物の体をどれくらいのはやさで移動するの？

光合成を行うにはたくさんの水が必要になる。光合成の過程で、植物は葉から水分を放出して、代わりに二酸化炭素を取り込む。この水と二酸化炭素を"交換"する仕組みを蒸散という。蒸散によって手に入れた二酸化炭素は、栄養をつくるために重要な役割を果たしている。蒸散によって葉から水分を放出し、光合成を行うためには、根が吸いあげた水が葉までのぼってこなければならない。

蒸散が見える？

蒸散が起きていることを実際に目で見てたしかめられる方法がある。赤と青の染料と白いカーネーションを用意して実験してみよう。

- カーネーションの茎の先を斜め45度に切る。そのときに茎をつぶして内部組織を壊してしまわないように注意すること。

- 水を入れた容器に食品用の染料を入れ、そのなかにカーネーションをつける。

- 花の色が変わるまでにどれくらい時間がかかるかを測る。色が変わるまでの時間がわかったら、茎の長さとかかった時間から水が移動するスピードを割り出す。

▶ 写真の真ん中のカーネーションは、茎をふたつに割いてそれぞれを2色の染料に入れたので、半分ずつ色のちがう花になっている。

根から枝へ

水が植物の体内を移動するはやさは、根が水分を吸収するはやさによるところが大きい。ただ、植物の末端では、蒸散によって葉からかなりの量の水が放出される。風のほとんどない夏の暑い日には、大きな木なら1日2000ℓの水を放出することもある。とくに日中から日が沈みはじめる午後までのあいだは、たくさんの水分が失われる。

水が植物の木質部（根と葉をつなぐ水の通り道となる管の集まり）を通るはやさを測る方法がふたつある。ひとつは色を付けた水を根に吸わせて、その色が花や葉に届くまでの時間を測る方法。（左のページを参照）。ふたつめは、根にぬるま湯を吸わせて、その温度が茎や幹のあらかじめ決めておいた位置まで届くのにどれくらい時間がかかるかを測る方法だ。実験の結果、植物の種類によって水が通るはやさにはかなりばらつきがあることがわかった。樹高が23mのコナラ属 *Quercus* の木では、根から幹の先までだいたい30分で水

ヒナギク *Bellis perennis* のように小さな植物なら水を根から葉まで吸いあげるのはそれほど重労働ではない。けれども、森林に生えているような大きな木の場合、蒸散に使う水の量が多く、しかもかなり高い位置まで水を吸いあげなければならない。どのくらいの量の水をどのくらいのはやさで吸いあげるかは植物によってちがう。みなさんの想像どおり、水の量が少なければはやく移動し、多ければゆっくりになる。

が届いた。時速では、コナラ属の木は43.6m、トネリコ属 *Fraxinus* の木は25.7mだった。もっとずっと遅いものでは、時速たったの0.5mという植物もある。

▶ 大きさが同じでも、針葉樹（右）より、生命力が強く、新しい土地でも積極的に生きのびようとするトネリコ属 *Fraxinus* の木（左）のほうが、水分がはやく葉まで到達する。

水に運ばれるタネがある?

植物のタネは水に流されて運ばれることがある。水がその植物にとってタネを拡散するための第一の方法とは限らないが、水の流れに乗って遠くまで行けるような特徴を持つタネもあるし、たまたまタネが流されて新しい土地にたどり着くこともある。ご想像のとおり、水に浮く性質のあるタネは、流れに乗って親株から遠く離れた場所まで行くことができ、やがて新しい土地で芽を出す。

タネのクルージング

水に運ばれるタネは、乾燥する心配がない代わりに、どこへ行き着くかわからない。水辺に生息する植物には軽くて流されやすいタネを持つものが多く、湿地でしか生きられないものもすくなくない。ドクゼリ属 *Cicuta* や、毒があって、ほかの植物の生息地を奪ってしまうバイカルハナウド *Heracleum mantegazzianum* は、どちらもニンジンと同じセリ科の仲間で(セリ科の植物はコルクのように軽いタネを持つものが多い)、水に運ばれたタネはたいてい周囲から孤立した、広い岸辺に流れ着く。そして最適な環境で芽を出し、生長する。毒のあるシロバナヨウシュチョウセンアサガオ *Datura stramonium* やカヤツリグサ科 *Cyperaceae* の植物もたいていは

◀ ドクゼリ属 *Cicuta* のタネは水に浮くので、川に柵を設けて侵入を防がないと牧草地で繁殖してしまい、家畜が毒のある草を食べてしまう。

A 植物にとって水はタネを遠くへ運ぶ便利な手段で、意図的にしろ偶然にしろ、想像以上にたくさんのタネが水に流されて新しい土地へと運ばれている。川や海だけでなく、ときには洪水までもが植物の領土拡大と侵略に利用されているのだ。

川辺に沿って生息地を広げていく。繁殖力の強い雑草は、タネを遠くまで運ぶ手段をふたつ以上持っていることが多い。ギシギシ属の草はタネに羽根があるので、風に乗って飛ぶことができるだけでなく、羽根の浮力で水に浮くこともでき、両方の手段を利用して遠くまで運んでもらえる。

思いがけず旅に出る

灌漑用水がタネの恰好の移動経路になっていることもある。アメリカで行われた調査によると、コロンビア川から引いている灌漑用水から実に138種類もの発芽の見込みがあるタネが見つかった。除草剤の効かない雑草が増えてきていることもあって、雑草のタネが遠くまで広がらないように今後は灌漑用水にフィルターを設置しなければならないかもしれない。

▲ 中南米の熱帯地方の川岸に生息するモダマのタネが大西洋をはるばる渡ってイギリスの海岸に流れ着くことがよくある。

ヤシの実は船乗り

海流に乗って新しい土地に流れ着く木の実やタネは驚くほど多い。なかでもヤシの実は植物界の船乗りとして知られている。最長距離としては、メラネシア（オーストラリア北東方にある島々）からオーストラリアの西岸まで流れ着いたという記録があるが、もっと遠くまで旅した証拠があるという噂も絶えない。世界に生息するヤシの木のうち、どれくらいが自分で海を渡り、どれくらいが人間の船乗りが持ち込んだものかをはっきり断定することはできないけれど、ヤシのタネは厚い内胚乳（人間が食用にしている、白くて肉厚な果肉）のなかにあって、外側はかたい実に覆われ、さらにその周りを取り巻く繊維質の殻のおかげで水に浮くので、長い船旅が得意であることは間違いない。

Chapter 2

果実と花の"なぜ？"

どうしてイチジクの木には花が咲かないの？

漢字ではイチジクのことを"無花果"と書く。読んで字のごとく、"花のない果実"という意味だ。でも見た目に騙されてはいけない。たしかにイチジクの木には花が咲かないように見えるけれど、実は外から見えないだけで花がないわけではない。正確には花をつくる花嚢(かのう)という器官があって、なんとも手の込んだ方法で受粉し、繁殖する。

相思相愛

イチジクの木には種類によって雌株と雌雄同株があり、受粉してはじめて実が熟す。雌雄同株では雌花と雄花がそれぞれべつの花嚢のなかでつくられる。受粉を助けているのは、イチジクコバチ *Blastophaga psenes* という体長2mmにも満たない小さなハチだ。

イチジクコバチの一生はイチジクと密接に関わり合っていて、イチジクとイチジクコバチは生きのびるためにお互いなくてはならない存在と言える。雌のハチはイチジクの花嚢のなかで生まれ育ち、大人になると花粉を運んでべつの花嚢へと移動する。花嚢には小孔(しょうこう)という小さな穴があって、雌のハチはその穴を通ってなかに入る。小孔はとても狭いので、小さなイ

> **A** イチジクはちょっと変わった植物だ。わたしたちが実だと思っているものは、厳密には実ではなく、幹の先が伸びて膨らんだ花嚢と呼ばれるものだ。それぞれの花嚢のなかは空洞になっていて、とても小さな花が列をつくるように無数に並んでいる。

◀ 受粉した雌株になるイチジクの実(花嚢)は甘くてみずみずしい。

果実と花の"なぜ？"　67

◀ 雌雄同株の雄の花嚢のなかで育ったイチジクコバチが花粉を運んで雌株の花へと移る。

チジクコバチでも通り抜けるときに羽や触覚がもげてしまうことがあるが、受粉はできるので問題ない。受粉が終わると、雌のハチは花嚢のなかで卵を産んでから死ぬ。やがて卵が孵化して幼虫が生まれ、サナギをつくり、大人のハチになる。雄のハチは雌と交尾したあと小孔を通って外に出て、まだ熟していないイチジクの実へと移り、雌のハチは外へ出たあと、親と同じサイクルをそっくりそのまま繰り返す。熟したイチジクの実は動物に食べられ、その動物が排泄したタネが育つことでイチジクは繁殖する。

雌雄同株の雌花は受粉することなく、タネのない実をつける。この実は甘くもなければみずみずしくもないので、人間はわざわざ食べないけれど、ヤギはこの小さくてかたい実を好んで、毎日食べる。

植物と花粉を運んでくれる仲介者がかたい絆で結ばれている例はほかにもある。細長くて赤い花を咲かせるベニバナサワギキョウ *Lobelia cardinalis* の花粉を運

無垢な果実

イチジクコバチ *Blastophaga psenes* は暖かい地域にしかいないので、寒い北国では専門家が開発した、受粉しなくても実をつける単為結実のイチジクが栽培されている。受粉したイチジクの実と比べると品質が劣るので、イチジクのプディング（イギリスの伝統的なお菓子）には不向きだが、ハチに頼れない地域では代用になる。

ぶ役目はハチドリにしか果たせない。室内のインテリアとして人気のあるコチョウラン属は、英語で"蛾の花"という名前がついていることからもわかるように、風に揺れる花が蛾に似ていて、その姿に誘われた蛾が花から花へと移ることで受粉する。

リンゴの実は親の木の近くにしか落ちないってほんとう？

古くから言い伝えられているように、リンゴの実は木のすぐそばに落ちる。それが引力の法則だからだ。でも、果樹がおいしい実をつけるのは、タネを遠く離れたところまで運ぶためではなかっただろうか。親の木と日光や栄養を取り合わなくてすむように離れた場所で生長するためだったはずなのだが……。

リンゴの実が地面に落ちると、動物がその実を食べ、移動することによってタネが運ばれ、新しい場所で育つ。タネは動物の消化器官を通りすぎるあいだに発芽の準備をすることができるので、やがて排泄されて外に出たとき、すぐに芽を出せるという利点もある。

似たもの親子？

苦労して繁殖に成功したというのに、リンゴの木はとても親子とは思えないほど全然似ていない。遺伝子構造がかなり多様性に富んでいるので、タネから育った木が親の木に似る（園芸用語では"固定する"という）ことは滅多にない。リンゴは挿し木での繁殖がむずかしいことでも知

> **A** リンゴの木にとって、大きくて、甘くて、みずみずしい実を生むのはとても骨の折れる仕事だ。それでも、おいしい実をつくって動物に食べてもらうことができれば、苦労は報われる。タネはいずれ排泄されて、親から遠く離れた場所で育つことができるからだ。

◀ コックス・オレンジ・ピピン *Malus domestica* 'Cox's Orange Pippin' の実。イギリスでは、ブレイバーン、コックス、ガラ、ブラムリーなどの品種が栽培されている。EU諸国ではデリシャスがいちばん食べられている。

果実と花の"なぜ？"　69

▶ マルス'ヒスロップ' Malus 'Hyslop' の実。この大きな野生リンゴがどこでどう生まれたかはわかっていないが、1869年にはじめて名前が記録されている。紫がかった深紅の皮が特徴。

られているので、親の美点を確実に受け継いだリンゴを栽培したいなら、接ぎ木で繁殖させるしかない。親の木と同じ品種か近い品種の若い台木に切れ目を入れて、2本の木の形成層がぴったり並ぶように挿し込んでやれば、やがて親の木とそっくりな性質のリンゴの実をつける。

不味くてもリンゴ

北米大陸では古くからさまざまな品種のリンゴが栽培されてきた。理由のひとつは、先人たちが最初に西を目指したときに軽くて持ち運びやすいタネを持って移住したことだと言われている。前人未到の奥地を目指す行程はゆっくりで、不確かなことも多く、木のままでは運ぶのが大変だった。だから、うまく育つかわからなくてもタネを植えてみるしかなかったのだ。開拓地で実際に採れたリンゴの実は品種がばらばらで、たぶん質も悪かったにちがいないが、それでも開拓時代初期の人々にとっては、不味くてもリンゴがないよりはましだったのだろう。こうしてはじまったリンゴの栽培はどんどん広がり、やがて質のよい実が採れる木が生まれ、接ぎ木や品種改良が進んでいった。

どうして花にはたくさん種類があるの？

植物は動物とちがって動くことができないので、自分で繁殖相手を選べない代わりになにかに助けてもらって繁殖する。いろいろな種類の花があるのはそのためだ。植物が繁殖を成功させるためにあみだした解決策は、ほかの生態システムにとっても大小さまざまなかたちで役に立っていて、今ではその植物が繁殖するためだけではなく、それ以上に大切な役割を果たしている。

植物が受粉するにはなんらかの助けが必要で、風に乗せて花粉を飛散させるか、運び手を引き寄せて運んでもらうかしなければならない。運び手の役目はハチなどの虫が果たすことが多いけれど、鳥のこともあるし、まれにコウモリが運ぶこともある。

植物の多くは花のかたちや色や匂いを工夫したり、虫が好物の蜜に近づきやすくしたりと、あの手この手でライヴァルに差をつけて、特定の運び手だけを惹きつけるように進化してきた。釣り鐘のようなかたちをした花は、体が丸く、長い舌を持つハチを引き寄せられるように進化したものだ。ハチにとっては、花のなかをのぼっていって、花の基部にある蜜を長い舌で吸うことができるので、理想的なかたちだからだ。また、ランのなかまのオフリス・アピフェラ *Ophrys apifera* はもっと高度な進化を遂げていて、受粉を助けてくれる虫にそっくりの花を咲かせることで、花粉の運び手を引き寄せている。

> 植物は花を咲かせるだけでなく、タネをつけて繁殖しなければならない。そのためにいろいろな方法を身につけている。

自家受粉とは

花を咲かせる植物の4分の3は、ひとつの花におしべとめしべが共存している。だからといって、自家受粉すればいいというわけではない。他家受粉を繰り返したぶんだけ植物は強くなる。自家受粉は、どうしても他家受粉ができないときのための奥の手だ。

オフリス・アピフェラ
Ophrys apifera

八重咲きの花ってどんな花？

八重咲きの花は花びらがたくさんあり、一重咲きの花よりも丸みがあってふんわりしたかたちをしているので、見ればすぐにわかる。一重咲きの花は、花の真ん中にあるおしべとめしべがはっきりと見えるものが多い。

八重咲きの花は花びらが何層にも重なって咲くので、華やかに見える。八重咲きの花のほとんどは、おしべやめしべをなくして、そのぶん花びらが増えた品種だ。

テンジクボタン
Dahlia hortensis

八重咲きの花は自然に起こった突然変異によって生まれたもので、一重咲きの花とちがって繁殖に必要な器官を持っていない不毛な変種といえる。蜜も花粉もつくることができないので、当然ながら虫を惹きつけることもできない。かりに八重咲きの花にとまる虫がいたとしても、その虫がほかの花に花粉を運んでいくことはない。だから、八重咲きの花を咲かせたいと思ったら、挿し木や株分け、微細繁殖などの人工的な手段で繁殖させるしかない。自然界では劣った存在ではあるものの、色あざやかで美しい八重咲きの花を好む人も多く、自分の庭で栽培している園芸家もすくなくない。

いいとこ取り

八重咲きの花だからといって、必ずしもおしべとめしべがないわけではない。苞葉（蕾を包む葉）などべつの器官が花びらになる花では、おしべとめしべがそのまま残っていることもある。たとえば八重咲きのヒマワリ属 *Helianthus* の花では、本来なら花の中心部にあたる内側の筒状花の代わりに、花びらが外側に何層にも重なって咲く。

花の雌雄はどうやって見分けるの？

この世に存在する花の大半は、雄と雌の器官がひとつの花のなかにある雌雄同体で、植物学ではこれを"完全花"と呼ぶ。雄の機能を持つおしべには花粉をつくる器官があり、雌の機能を果たすめしべの基部には子房がある。花粉と子房のなかにはそれぞれ配偶子という生殖細胞がある。

ほとんどの花は雌雄同体で、雄と雌の両方の器官を持っている。花がどんな構造でできているかあまり知らない人でも、どの部分が繁殖器官なのかは見ればすぐにわかるだろう。ものすごく小さな花でも、虫めがねがあればなんとか雌雄の器官を見ることができる。

花の各部

花の外側に見えるがく片と花弁には雌雄の区別はない。花の内部に眼を向けると、おしべが何本かある。おしべは糸のように細く、先端の頭のようなかたちに見える部分を葯という。花粉はこの葯のなかでつくられる。ひとつの花にあるおしべをまとめて雄蕊群といい、その並び方は花によって特徴がある。近い品種同士の雄蕊群の並び方は似ていて、とても複雑な並び方をしているものもあるので、未知の花が発見されたとき、それがなんの花の仲間なのかを知る手がかりになる。

▼花の中心部には子房がある。そのなかにはタネの前身である胚珠があって、そこから伸びためしべの先の柱頭は花粉がくっつきやすいようにべとべとしている。

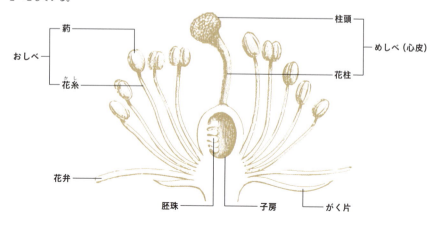

単性の植物

ほとんどの植物ではひとつの花が雄と雌の器官を同時に備えているとはいえ、例外もすくなくない。ハシバミ属 *Corylus* は同じ株に雄花と雌花がべつべつに咲く。ひとつの株には雄花か雌花のどちらかしか咲かず、また、反対の性の株がなければ受粉して繁殖できない植物もある（植物学ではこれを雌雄異株という）。イギリス中で嫌われている雑草のイタドリ *Fallopia japonica* は、もともと日本から雌株だけが持ち込まれた。ところが、繁殖相手の雄株がないにもかかわらず、雌株は新しい土地をどんどん侵略して生息地を広げてきた。雄株がないという逆境をものともせず、根茎を分裂させて再生するという単純な方法で驚異的な繁殖力を見せつけ、ほかの植物の生きる場所を奪っているのだ。

セイヨウハシバミ
Corylus avellana

めしべはだいたい花の中心あたりにある。めしべだけが独立していることもあれば、ほかの器官と一緒になってめしべを構成していることもある（花によってめしべが1本のものも複数あるものもある）。雄蕊群に対してめしべのまとまりを雌蕊群（しずいぐん）という。おしべやめしべがどんな配置になっているかは花によってずいぶんちがう。

いちばん単純なのは、キンポウゲ属 *Ranunculus* のように、真ん中にめしべがあり、そのまわりを囲むようにおしべが並んでいる配置だ。

キンポウゲ属
Ranunculus

ハチはどうやって花を選んでいるの？

花が先か、ハチが先か。研究によってハチの原種は花が生まれるより前から存在していたことがわかっている。すくなくとも、ハチがこの世に誕生したときには、わたしたちが現代の世界で花と呼んでいるものはなかったようだ。ということは、ハチが花に合わせて進化したのではなく、花のほうがハチに合わせて進化してきたといえる。

かなり昔から存在していたモクレン属 *Magnolia* などの花は、当初はできるだけたくさんの運び手を誘惑して、花粉を運んでもらおうとしていた。時代を経て進化の方針が変わり、いまでは植物は特定の虫だけを惹きつけるようになった。ハチを花粉の運び手に選んだ植物は、ハチにとって魅力的に見えるように進化してきたというわけだ。ハチの眼は大きな複眼で、紫外線をとらえることはできるが、人間とちがって花のつくりを細部まで見分けることはできない。

鳥？ ハチ？ それとも蝶？

花粉を運ぶ鳥や虫にはそれぞれ好きな色がある。ハチに花粉を運んでもらう花は青から紫色であることが多い（ハチはとくに紫外線が当たると光る花を好むようだが、人間には紫外線が見えないのでどの花がそうなのか判別できない）。鳥は赤やオレンジ色の花を好む。蝶はもっと冒険心が旺盛で、オレンジや黄色だけでなく、赤やピンクの花にもとまる。コウモリと蛾は夜行性なので花の色には左右されないけれど、いつも決まって白くて匂いの強い花を選ぶ。

◀ ハチは体力をつけるために花の蜜を吸う。そのとき後脚に黄色い花粉のかたまりをつけて巣に戻り、幼虫に与える。

果実と花の"なぜ?" 75

メマツヨイグサ *Oenothera biennis* の鮮やかな黄色い花(左)は、紫外線が見える虫の眼には"蜜への道しるべ"(右)のようにうつる。

成功への道しるべ

ハチの視界を再現したカメラで花を撮影してみると、縞状の線や点、同心円などがくっきり見えることが多い。この模様が滑走路の誘導灯のような役目を果たしていて、どこを通ってどこへ行けば蜜にありつけるかをハチに教えているようだ。その道しるべに従って蜜のありかまで進むときに、ハチの体が花に触れ、花粉を集められるようになっている。人間の眼に見える色のちがいはハチにとってそれほど大事ではないこともある。ハチが識別できる色は限られているので、自然と青から紫色の花を好んで選ぶことが多い。ただし、道しるべさえはっきり見えれば、ほかの色の花に引き寄せられることもある。ハチには赤い色が見分けられないのに、イワブクロ属 *Penstemon* やダリアなど明るい赤色の花を好むことがあるのは、道しるべがはっきり見えているからだ。花は必ずしもハチに見える色で誘惑しなくてもいいということだ。

ハチは人間と同じように色を見分けることができない。ハチは紫外線が見えるので、青、黄色、緑、紫色は区別できるけれど、赤い色はわからない。わたしたちが見慣れている色とりどりの花もハチにはちがって見えているのだ。

イワブクロ属の赤い花
Penstemon gentianoides

タネのない実をつける果樹は
どうやって繁殖するの？

クレメンタインやネーブルなどのオレンジをはじめ、店頭には"タネがない"という宣伝文句を掲げた柑橘類が並んでいる。タネを吐き出さずにすむので食べやすいのはたしかだけれど、タネがないのに、どうやって新しい木を育てるのだろう？

受粉しなくても実をつけることのできる性質を単為結実というが、単為結実によって生まれる果実には欠点がいくつかある。実を大きく膨らませる植物ホルモンは、受精したタネのなかにしか存在しないので、単為結実の果実はたいてい小さい（ただし、人工的に植物ホルモンを加えれば実を大きくすることはできるので、解決できない問題ではない）。もうひとつの欠点は、タネがないので接ぎ木によって繁殖しなければならないことだ。とはいえ、これらの難点はそれほど致命的な欠陥ではないし、それ以上にタネなしの果実は人気がある。

柑橘類のほかにもタネのない果実があり、タネのない実が生まれる理由もそれぞれちがう。タネなしブドウの場合、受粉してタネをつくることはつくるのだが、遺伝子の突然変異でタネが育たないか、タネを守るはずのかたい殻ができないのでタネがしぼんでしまい、結果としてタネのない果実になる。

ヨーロッパでいちばん消費量の多い洋梨の"コンファレンス"は、もともと単為結実する性質があるので、天気が悪くて自然に受粉ができなかったとしても実を収穫できる。植物ホルモンのジベレリン酸処理をして人工的に単為結実を促進することもできる。

> **A** タネのない柑橘類の果実は単為結実によって生まれるので、果樹は受粉する必要がない。きちんと受粉したか心配しなくてすむので、栽培する人にとってはありがたい性質だ。

◀ 洋梨の"コンファレンス"はふつう左の絵のようにタネがあって、洋梨らしいかたちをしている。受粉せずに単為結実でできた洋梨にはタネの名残しかなく、かたちも洋梨にしては長細くなる。

果実と花の"なぜ?"　77

Q どうして花は匂いがするの?

花の匂いは、その植物がどんな匂いの分子を持っているか、そして、それらをどう組み合わせるかによって決まる。それだけでなく、花はときと場合に応じて匂いの強さや質を変えることができる。

A 匂いは花粉の運び手を誘い込む方法のひとつにすぎない。とりわけ蛾やコウモリなど夜行性の動物は花の色で惹きつけることがむずかしいので、その代わりに匂いが大切な役割を果たす。

人間は花の匂いをかぐわしいと感じ、庭に出るといつまでも飽きることなく花の匂いを愉しんでいられる。もっとも、当の植物にとっては、匂いは生存競争を勝ち抜くための大切な武器だ。ユリ属 Lilium、タバコ属 Nicotiana、アラセイトウ属 Matthiola などの夜に咲く花は香りが強いことで知られている。いくらきれいな色の花を咲かせても、夜の闇のなかでは見えないので、匂いで花粉の運び手を呼び寄せるのだ。日中に咲く花は花粉の運び手に応じてちがう匂いがする。ハチやハエが花粉を運ぶ花はとても甘い香りを放ち、甲虫の手を借りる花はジャコウのようなもっと強い匂いがする。庭に咲く花を眺めていると、人知れず激しい生存競争を繰り広げているようにはとても見え

▲ ニコチアナ・シルベストリス Nicotiana sylvestris の花は白く、夜に咲く花に特有な甘い匂いがする。夜行性の蛾に花粉を運んでもらう植物は特徴のある匂いがすることが多い。

ない。けれども、植物にとってはどうやって繁殖するかは死活問題だ。花は生き抜くための武器として色やかたちや匂いを綿密な計算によって使い分けているのだ。

野菜と果物、いったいどこがちがうの？

野菜と果物のちがいは、食材としての使われかたで区別されているのだろうか？　それとも、人間の都合とはまったく関係のない、絶対的な区別があるのだろうか？　植物について語るときによくありがちなことだが、この疑問に対する答もはやり「ときと場合による」としか言いようがない。

基本的には、実のなかにタネがあるものが果物で、タネがないものが野菜だ。ただし、タネなしブドウなどの例外もあるように、そう単純な話ではない。もっと正確に区別するなら、子房（しぼう）が実ったものが果物で、それ以外の部位、つまり、花のつぼみ、茎、葉、根などを野菜と呼ぶ。

専門的な定義はさておき、日常生活では野菜と果物は食べかたのちがいで区別されている。一口に野菜といっても、種類がたくさんある。ナス、豆類、ズッキーニ、エンドウマメ、ピーマン、カボチャ、トマトなどはどれも野菜と呼ばれる食用の果実だ。一方、ルバーブは野菜だけれど、食用としては果物扱いされている。いずれにしても、食材としての区別は、植物学上の分類とはまったくちがう。それどころか、食文化が異なれば、どれを野菜と呼び、なにを果物とみなすかも当然変わってくる。たとえば、メロンはヨーロッパでは果物だが、アジアの食文化では野菜として使われることもある。

◀ナスの実はかたく、タネがたくさんあるため、植物学上は果実に分類される（右ページ参照）。

果実なのに、
果実じゃない？

果実の植物学上の定義はもっとややこしくて、日常生活で果実と呼ぶものとはまったくかけはなれている。専門的には、雌花の根元（子房）がふくらんで果肉状になり、食べられる部分を果実という。ということは、アボカドとトマトは果実だが、ラズベリーとイチゴは果実ではないことになる。

にせもの果実の正体は？

イチゴの"実"は正確には花托と呼ばれる。花托の表面に小さなタネが散らばってホルモンを分泌することで、わたしたちが"実"と呼んでいる部分が成熟する。ラズベリーは同じ花から発達した子房がいくつも集まってひとかたまりになったもので、集合果と呼ばれる。ラズベリーの小さな実のひとつひとつが独立した果実で、なかにひとつずつタネがある。それぞれに皮とタネを持つ小さな果実が集まっているので、ラズベリーは食物繊維が豊富な食材といえる。

アボカド
Persea americana

イチゴ
Fragaria × ananassa

ラズベリー
Rubus idaeus

花に蜜があるのはなぜ？

どうして花にとまるのかとハチに訊ねたところで、どんなふうに花粉を運んでいるか教えてはくれない。「蜜があるから」。ただそう答えるだけだろう。甘い蜜を吸えるというご褒美がなかったら、花から花へ行き来して過ごしたりはしない。ハチだけではなく、ほかの虫もきっとそうにきまっている。

> 虫に花粉を運んでもらう花はほとんどが蜜で運び手を引き寄せている。花の香りや色は「蜜あります」という看板のようなものだ。

植物にとって蜜をつくる代償は大きく、体内にある糖分の3分の1以上を使うことになる。蜜は蜜腺と呼ばれる器官でつくられる。この蜜腺は、絶対ではないがたいていは花のなかにあり、維管束のうちの師管とつながっていて、樹液のなかにある糖分を直接取り込めるようになっている。

タイミングが大切

蜜が必要になるのは花粉をひとつの花からべつの花へ届けてもらいたいときだけなので、花は花粉が熟したときにだけ匂いで虫を誘い、つくった蜜を吸わせて花粉を運んでもらう。

どんな運び手を引き寄せたいかによって蜜の味も変わってくる。蜜の主な成分はグルコース（ブドウ糖）とフルクトース（果糖）とスクロース（ショ糖）だが、その

▲ アメリカ大陸で花粉の運び手として大事な役目を担っているハサミオハチドリ。この鳥は1日に自分の体重（大きいもので8g）の何倍もの蜜を必要とする。

配合は植物の種類によってさまざまだ。ハチドリのほか、蜜を吸うための長い舌を持つ蝶や蛾やハチなどの昆虫に花粉を運んでもらう花の蜜にはスクロースが多く含まれている。ハエやコウモリ、舌の短いハチに狙いを定めた花は、グルコースとフルクトースを多く含む蜜をつくる。どの植物も、特定の運び手を誘うにはどんな味の蜜をつくればいいのかちゃんとわかっているのだ。

受粉に成功するか、花粉をぜんぶ使いきった植物は蜜をつくるのをやめる。貴重な栄養をこれ以上無駄遣いする必要はないし、それよりももっと大切なタネをつくるという仕事が待っているからだ。植物が生存競争の過酷な世界で生きていけるかどうかは、限られた栄養をときと目的に応じてうまく使いまわせるかどうかにかかっている。

花粉はご馳走

どんな決まりごとにも例外は必ずあるものだ。甲虫やダニの一種などのように、虫によっては集めた花粉をほかの花へと運ぶのではなく、みずから食べることがある。花粉はたんぱく質とアミノ酸が豊富なので、虫にとって貴重なご馳走になることがあるのだ。なかには、幼虫に食べさせるために花粉と蜜をまぜて栄養価の高い食事を用意するハチもいる。

▼ 蝶の柔らかくて細長い舌は、ヒャクニチソウ属 *Zinnia* のように小筒花をたくさんつけるキク科の植物の蜜を吸うのに理想的なかたちをしている。

ヒマワリはほんとうに太陽を追いかけるの？

園芸愛好家のあいだには昔から「ヒマワリはどんなときも太陽のほうを向いている」という言い伝えがある。ヒマワリは絶対に太陽のほうを向いているわけではないけれど、ある意味で事実でもある。

大事なのはバランス

真偽は科学が教えてくれる。まだ成熟しきっていないヒマワリの茎は、日中は日に当たらない面のほうが日に当たる面よりもはやく伸びる。その結果、茎が太陽に向かって曲がってしまうので、開きかけの花が太陽のほうを向いているように見える。日が沈むと、こんどはバランスを取るために反対側の茎が伸びるので、蕾と花は朝にはまた東に向きなおる。そうやって向きを変えることで、生長期のヒマワリの花が浴びる日光は最大で15パーセント増え、そのぶん光合成が進むといわれている。

真の太陽崇拝者

実際に太陽を追って向きを変える植物もある。これは光屈性と呼ばれる現象で、厳しい自然環境に生息する植物によく見られる。厳しい環境でもタネが発芽できるか、子孫を残せずに終わるかは、より多くの暖かい陽光を浴びられるかどうかにかかっている。

A ヒマワリは蕾のあいだはたしかに太陽のほうを向いている。そうすることで、生長まっただなかのヒマワリは光合成の効果を最大限にひきだす。花が開ききったあとのヒマワリは東を向いたままで、向きは変わらない。ヒマワリでボーダー花壇をつくりたい人は、この特徴を覚えておこう。

一般的なヒマワリ
Helianthus annuus

果実と花の"なぜ？" 83

どうしてアジサイには
青い花とピンクの花があるの？

花の色はもともと持っている化学物質だけでなく、その植物が生育している場所の環境によっても変化する。アジサイ *Hydrangea macrophylla* の一種のヤマアジサイ *Hydrangea serrata* の花は、育っている場所の土の性質によって花が青くなったりピンクになったりする。

アルミニウムをたくさん含む土に生えているアジサイの花は青くなる。ただ、その色味は花がもともと持っている

アジサイの花が青くなったりピンクになったりするのは、そのアジサイがもともと持っている色素の量と、土のなかのアルミニウムの量に関係している。決め手になるのはアルミニウムで、酸性の土にはたくさん含まれているが、アルカリ性や白亜質の土にはほとんどみられない。

アントシアニンという色素の量によって変わり、アントシアニンが多ければ多いほど、深くて濃い青になる。土のなかにアルミニウムがなければ、花はピンクになる。濃いピンクになるか薄いピンクになるかも花がもともと持っている色素の量によってやはり変わる。

大きな葉が
特徴のアジサイ
*Hydrangea
macrophylla*

アジサイを騙すには

隣の芝生が青く見えるのと同じで、庭に青いアジサイが咲いているとピンクのアジサイが欲しくなる。逆もまたしかりだ。土中のアルミニウムが足りないとアジサイの花はピンクになるので、青い花を咲かせたいなら土に硫酸アルミニウムを溶かした水を加えるといい。逆に、ピンクの花を咲かせたいときは、株のまわりに石灰（炭酸カルシウム）を蒔く。炭酸カルシウムの副作用で葉が黄色くなってしまうことがあるが、そのときはキレート剤をじかに葉に塗れば元どおりになる。

豊作の次の年は不作？

果物は1年おきに豊作と不作を繰り返すと言われている。もしそれがほんとうだとしたら、どうして毎年ほどほどの実をつけることができないのだろう？ 豊作と不作のサイクルを繰り返すのは果樹だけなのか、実のなる木はどれもそうなのかも気になるところだ。

リンゴはせっかちで、花が受粉して実が大きくなる頃に、もう次の年の蕾をつくりはじめる。ところが、それがかえってあだになってしまうことがある。その年の果実を成熟させるために栄養を使いきってしまうので、次のシーズンの花にまで栄養がまわらないのだ。そのせいで次の年には花があまり咲かず、果実のできも悪くて、がっかりすることになる。逆に不作の年は栄養をあまり使わないので、そのぶん次の年の花を咲かせるためにまわすことができ、翌年には実がたくさんなる。その繰り返しで豊作の年（表年、なり年）と不作の年（裏年、不なり年）が交互におとずれるサイクルができあがる。

豊作と不作を繰り返す利点は？

1年おきに豊作と不作を繰り返すのはリンゴだけではない。ブナ属 *Fagus* やコナラ属 *Quercus* の木にも1年ごとのサイクル

A 豊作の年と不作の年が1年おきに繰り返されることはよく知られている。この現象は"隔年結果"と呼ばれていて、リンゴだけでなくほかの木にもよくみられる。いくつかの原因が重なり合って、よく実がつく年とほとんどつかない年が交互におとずれるサイクルが生まれている。

◀ どんなに管理が行き届いていても、実が獲れすぎてしまうことがある。そういうときは、ジュースにしたり、スライスにして乾燥させたり、チャツネをつくったりして冷凍保存しておくといい。

リンゴの上手な育て方

春になったら、まだ若くて細い枝を紐でしばって下向きに誘引する。
するとリンゴはその枝が実がつけていると思い込んで、次の年に咲く花の蕾をつくりはじめる。

肥料はほどほどに。
栄養を与えすぎると、実ではなく葉が茂ってしまう。

剪定はしない。
枝を刈り込んでしまうと、期待とは裏腹に余計に育ってしまうことになりかねない（それに枝と一緒に翌年咲くはずの花の蕾も切り落とすことになってしまう）。

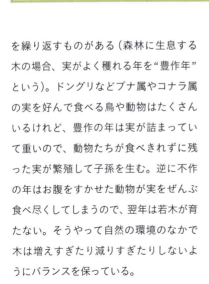

を繰り返すものがある（森林に生息する木の場合、実がよく穫れる年を"豊作年"という）。ドングリなどブナ属やコナラ属の実を好んで食べる鳥や動物はたくさんいるけれど、豊作の年は実が詰まっていて重いので、動物たちが食べきれずに残った実が繁殖して子孫を生む。逆に不作の年はお腹をすかせた動物が実をぜんぶ食べ尽くしてしまうので、翌年は若木が育たない。そうやって自然の環境のなかで木は増えすぎたり減りすぎたりしないようにバランスを保っている。

1年おきに豊作と不作を繰り返すという点は共通しているものの、動物が実を食べ尽くしてしまうかどうかは、リンゴが1年おきに豊作と不作を繰り返す理由にはならないようだ。リンゴにとっては、どんどん遠くへ生息地を広げていくために、むしろ実を食べてもらえるほうがありがたい。つまり、果樹の場合は時間をかけて実をたくさんつけようとするせいで疲れきってしまうことが、次の年に実がならない原因になるといえる。

竹は花が咲くと死んでしまうの？

野生の竹は1000種類以上あると言われていて、その際立った姿は人を魅了してやまない。みずから好んで育てている人もいるし、庭のかたすみに入り込んできた野生の竹をそのままにして愛でている人もいる。だから、お気に入りの1本に花が咲きそうだと気づいたら、誰もががっかりするにちがいない。花をつけた竹は枯れる運命にあると昔から言われているからだ。

花が咲くとその竹にとっては命取りになるけれど、そもそも竹に花が咲くことは珍しく、滅多にあることではない。竹は植物のなかでもいちばん生長がはやいといわれていて、数十年に一度しか花を咲かせない。1世紀以上花が咲いたことのない竹林もあるほどだ。ただ、ひとたび花が咲くと、一気に最後まで突っ走る。葉がしおれて茶色くなり、風の力を借りて受粉して、羽根に似た細長い草のような茎頂の先端にタネをたくさんつける。どうしてそんなにたくさんタネをつくるのか、まだはっきりとはわかっていないのだが、たくさんあれば、竹のタネやタケノコを食べる動物も満腹になって、手つかずで残ったタネとタケノコが子孫を残せる

◀ ダイサンチク *Bambusa vulgaris* は熱帯に生息していて、建築材料としてよく使われている。80年周期で花を咲かせるが、タネをつけることはないという。

A 花を咲かせることで竹が消耗するのは事実だけれど、そのあと確実に死を迎えるというのは言い過ぎだろう。花を咲かせたからといって絶対に枯れるわけではなく、きちんと手入れをすればまた元気になることもある。

からではないかと植物学者は考えている。タケノコを食用にしている国には大きな竹林があるが、竹林の竹は揃って一気に花を咲かせる傾向がある。

　一生に一度だけ花を咲かせてタネをつくり、そのあとは枯れてしまう性質は一回結実性と呼ばれていて、アエオニウム属 *Aeonium* やアイクリソン属 *Aichryson* などおなじみの多肉植物もこの性質を持つ。

▼ 竹は木や低木に似た多年生の草だが、園芸の世界では木の仲間として扱うほうが理にかなっている。

竹を守るには

園芸の知識と技術にのっとってきちんと手入れをすれば竹を枯らさずにすむこともある。

- 花が咲きそうな枝を見つけたら、すぐに取りのぞく。そうすれば、株全体が花をつけるのを防げるかもしれない。

- それでもどんどん花が咲き続けるようだったら、すぐに株ごと根元から切り倒して、栄養剤と水を与える。

　　・春になったら窒素をたくさん含んだ栄養剤をたっぷり与える。

　　運がよければ、花のない緑の若芽が生えてくる。

　　ここまで手を尽くしてもうまくいかなかったら、花からタネを採って新たに蒔く。タネを採るときは、花をいくつか摘んで、紙袋に入れたまま乾燥させる。乾いたら袋ごと振ればタネが自然にこぼれ落ちる。

植物はどうやっていろんな色を生むの？

植物が"どうやって"いろんな色をつくるかは、"どうして"いろんな色の植物があるのかと同じくらい大事な問題だ。花を咲かせる植物の3分の1以上は虫や動物に花粉を運んでもらっていて、花粉の運び手を誘い込む機会をできるだけ増やすために生化学の力を利用している。どの花にとっても色は大切な武器なのだ。

花の色は、植物が持っているさまざまな色素の分子を材料としてつくられる。色素は、赤と青を生み出すアントシアニン、オレンジや黄色のもとになるカロテノイドなど、いくつかのグループに分けられる。ベタレインは紫色をつくり、白やクリーム色はアントキサンチンから生まれる。これらの色素をどう組み合わせるかは花によって決まっていて、それぞれの組み合わせによって自然界にしかない微妙な色のちがいが生まれる。色素のほかにも花の色を決める要素がある。たとえばアジサイのように土の酸度のちがいによって花の色が変わることもある。

植物は多才で、化学者としての一面も備えている。数多くの色素を緻密に計算して組み合わせ、驚くほど多様な色のなかから目当ての花粉の運び手だけを引き寄せる色をつくることができる。

色で魅了する

アメリカのジャーナリストのマイケル・ポーランは、花粉の運び手だけでなく、人間を魅了するために花を進化させた植物もあると提唱している。憶測の域は出ないが、人間は美しい花をつける植物を好んで栽培するので、人間に気に入られれば生きのびるチャンスが増えるということらしい。

◀ スイートピー *Lathyrus odoratus* はもともとピンク色の花をつける地中海地域原産の一年草。200年以上にわたって取捨選択が繰り返され、現在では白、ピンク、青、紫、赤などの花がたのしめる。

果実と花の"なぜ？"　89

花粉を吸うと鼻がムズムズするのはなぜ？

くしゃみが止まらなくなったとき、それが花粉のせいだとわかるのはどうしてだろう？　花粉が飛ぶ季節は決まっているので、時期が決め手になるかもしれない。もし真冬にくしゃみが出たとしたら、犯人は花粉ではないということだ。ほかには、1、2回だけではなく、何度もくしゃみが続いて止まらないときは、花粉のせいである可能性が高い。鼻がつまって、喉も痛いときは、おそらく花粉症を発症したとみて間違いない。悲しいことに、花粉の被害はくしゃみだけにとどまらないのだ。

風で花粉を飛ばす草や木の多くは、受粉できずに無駄になってしまう花粉が多いことを見越して大量の花粉を拡散する。空気中に異物があっても、たいていは鼻のなかに並んで生えている細い毛がフィルターになって体内への侵入を防いでくれるのだが、花粉のように小さい粒子はそのフィルターを通り抜けてしまう。アレルギーを持っていない人でも小さな物質が鼻の奥まで入り込んだらくしゃみが出る。アレルギー体質の人はもっと深刻な症状に悩まされることになる。

小さな侵入者

花粉に含まれるある分子に刺激されて過敏に反応してしまう人がいる。特定の木や草の花粉に攻撃されると症状が出ることが多い。たとえばカバノキ属 *Betula* の花粉にはとくに刺激性の強い"Bet v I"というタンパク質の分子が含まれていることがわかっている。一見何の害もなさそうな名前だが、Bet v I が体内に入ると免疫シ

▲花粉は外側がかたい膜で覆われていて、表面には植物によって異なる複雑な模様がある。表面の模様は走査型電子顕微鏡を使えば観察できる。

ステムが刺激されて強い拒否反応を示す。免疫システムはもともと感染から身体を守るためのしくみなのだが、花粉を体内に侵入した虫と勘違いして発動してしまい、とても不快な症状をもたらすことになる。

花粉の小さな粒子が鼻の粘膜を通って体内に入ると、それだけで鼻がムズムズする。アレルギー体質の人の体内に特定の花粉が侵入すると深刻な症状があらわれる。

青い花は実在する？

誰もが青いと認める花が自然に咲くことはとても珍しい。青い花を見たことがあるという人もいるかもしれないが、よく見てみると、青だと思っていた花が実はよく似たべつの色だったと気づくことが多い（たとえばブルーベルの花をよく見ると、紫がかっているのがわかる）。

> 植物は化学反応を利用して花の色を決めている。植物は純粋な青い色素を持ち合わせていないが、体内で化学変化を起こすことで、青い色を生み出すことができると考えられている。

青か青に近い色の花は全体の10パーセントほどしかない。青に近い色の花を咲かせるのは、植物にとって至難の業なのだ。青い色をつくるために植物が使える色素のうち、青にいちばん近いのはアントシアニンだが、そのままでは赤みがかった色になってしまう。花を青く見せるには、植物がアルカリ性の環境になければいけない。信じられないかもしれないが、植物は環境を自分に都合のいいように変えることができる。液汁のpH値を変えて強アルカリ性にすれば、アントシアニンによって花は青くなる。逆に、液汁が酸性なら、赤みがかった花が咲く。

ムラサキクンシラン *Agapanthus* は、デルフィニジンとコハク酸（いずれも有機酸の一種）を混ぜることで青い花を咲かせる。アジサイは、デルフィニジンとアルミニウムが混ざると花が青くなり、土にアルミニウムが含まれていないと赤みがかった花が咲く。土に硫酸アルミニウムを加えてpH値を上げ、青いアジサイを咲かせている庭も多い。花の色は、植物にとって大きさやかたち、花粉を運んでくれる虫などの媒介者だけにわかる属性などと並んで、受粉を成功させるための戦略のひと

ヤグルマギク
Centaurea cyanus

果実と花の"なぜ？" 91

▲ デルフィニジンは、チドリソウ属 *Consolida* やデルフィニウム属（ヒエンソウ属）*Delphinium* が持つ青い色素で、液汁のpH値によって青の濃度が変わる。液汁のアルカリ度が高いほど花の色はより"青く"なる。

つにすぎない。青い花に引き寄せられるハチもいるが、ほかの色を好むハチもいる。大切なのは、それらの要素をうまく組み合わせて確実に花粉を運んでもらうことだ。

人口的な青

人口的に青い花をつくり出す工程は、もっと複雑だ。現代は科学が発達しているので、品種改良家は色素に分子を加えて、植物のもともとの花の色を変えることもできる。

幻の青いバラ

自然界には存在しない青いバラの開発は、愛好家の長年の悲願といえる。理論的には、どの色素とどの化学物質を組み合わせると青くなるかが分かれば青い花を生み出すことは可能なはずで、何十年も前から試行錯誤がおこなわれてきた。2008年に日本の企業が"世界初の青いバラ"の開発に成功したと大々的に宣伝したことがあったが、実際にお披露目された花は、青というよりむしろライラックに近い薄い紫色だった。青いバラづくりの道のりはまだまだ遠いようだ。

夜になると花が閉じるのはどうして？

花が閉じるのはかならずしも夜に限ったことではないけれど、夜になると花が閉じるのにはいくつかの理由がある。花を閉じることで、植物は繊細な繁殖器官を夜の寒さや朝露、霜などから守っている。日中に花粉を運んでくれる虫とちがって、夜行性の虫は花に恩恵をもたらさないので、夜のあいだは花粉や蜜を虫から守るためでもあるかもしれない。

糖のスイッチ

人間と同じように植物も24時間周期で生活していて、体内時計にしたがって夜は眠り、日中に活動する。体内時計は光と闇を感知して調節され、遺伝子に命令して時間に応じた活動をおこなう。花粉の運び手がもっとも活発に活動する時間にきっちり合わせて花を開いたり、閉じたりしているのかもしれない。時間が正確にわかるだけではなく、花は俊敏さも兼ね備えていて、花びらに含まれる糖分の量を調整する遺伝子をスイッチのように切り替えることができる。スイッチがオンになっているあいだは、花びらに糖分をたくさん送ることによって、糖にどんどん水分が浸透していき、そのおかげで花は開いていられる。スイッチをオフにすると糖がすくなくなり、水分が減少して花が閉じる。

> どの花も夜になるとかならず閉じるとは限らないけれど、夜に花が閉じるのは、繁殖器官を寒さから守るためや、花粉を運ぶ役目を果たさない夜行性の虫から蜜を守るためといった理由がある。

◀ ヒナギク *Bellis perennis* は日中は花が開いていて、夜になると閉じるので、英語では"デイジー"(昼間の眼)と呼ばれる。

花でときを知る

現在では、花時計というとリゾート施設の装飾として時計のかたちに花が植えられているか、せいぜい花壇のなかに時計を組み込んで針が文字盤に見立てた花の上を通るようになっているくらいだ。

かつて使われていた花時計はもっと精巧につくられていて、ときにはその華やかさはバロック様式の建築物に匹敵するほどだったと考えられている。19世紀になると園芸家たちの手によって、花で時間を告げる時計がいくつもつくられるようになった。花によって開く時間と閉じる時間がきっちり決まっていることを利用して、昼から夜にかけて順に開いて閉じる花を慎重に選び、花が開く時間と時計の"文字盤"の位置が重なるように配置して、一目で時間がわかるようになっていた。花が開く時間は主に体内時計によって決まっているとはいっても、湿度や気温などの外的条件にも影響されるので、この時計がそれほど正確にときを報せていたとはとても思えない。それでも人々の眼をたのしませていたことは間違いない。設計図が現存するなかで特に優れているのは、1822年に考案された花時計で、同じ時期に咲く花を24種類も使ったものだったようだ。

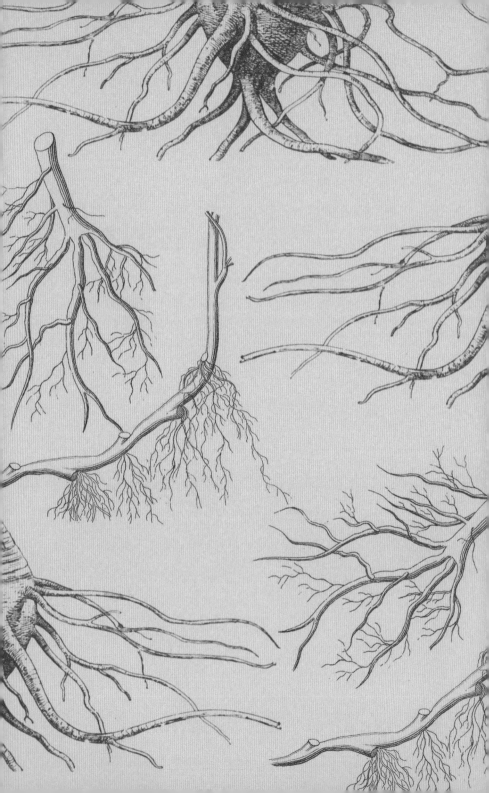

Chapter 3

奇妙な地中の世界

Q ミミズの役割

ミミズの話をするなんて、と眉をひそめる人もいるかもしれない。ミミズは蠕虫という虫の仲間で、庭でよく見かけるもののほかに、何千種類もいる。管のように細長く、片方の端には口があり、もう片方には……何があるかおわかりだろう。ただ、そのかたちこそが、ミミズがミミズたるゆえんなのだ。庭によくいるのはミミズとシマミミズの2種類で、土のなかにも堆肥箱のなかにも潜んでいる。

ミミズは植物の葉などの有機物を口から食べ、いくつもの体節に分かれた体の端から反対端までつながっている"胃"で消化する。ほかの動物と同じように呼吸しなければ生きていけず、皮膚で呼吸する（そのためにはいつも体が湿っていなければいけない）。血が流れる循環器に加え、水分を体全体に送り届ける導管もある。それぞれの体節にある筋肉の動きをつかさどる中枢神経系を持ち、体節に生えている剛毛で土をつかんで前進する。動きやすいように粘液も分泌する。脳はないが、だからといって下等動物というわけではない。土のなかでトンネルを掘って移動し、食料を見つけてきて蓄え、敵に遭遇したら一目散に逃げるなど、驚くほど高い能力を備えている。

庭いじりの最良の友

チャールズ・ダーウィンが進化論を提唱してから、科学者たちはミミズが土のなかで果たす役割がどれほど大切かということを実証してきた。その結果、堆肥を土に混ぜるという園芸の主要な手法には、ミミズを大量に発生させ、そのミミズが穴を掘って土のなかに潜り込んで土を柔らかくする利点があることが明らかになった。有機物をすこし加えるだけでも、地中のミミズの数は劇的に増える。ミミズを使った方法は、掘り返さない栽培方法、耕さない農法として今ではとても評価されている。

A

ミミズは管のようなかたちをしていて、片方の端から体内に取り込んだ有機物を消化して、反対端から土にとって栄養満点の排泄物を出す。皮膚呼吸もする。

▶ 囲肛部は肛門を含むいちばん後方の体節。環帯は生殖器の一部で、ここから卵を産む。それぞれの体節に生えている剛毛は移動するときに体を支える。口前葉と呼ばれる肉感のある突出部には感覚器官があって、休息している間は口を閉じておく役目も果たしている。

ミミズ豆知識

- ミミズは雄性生殖器と雌性生殖器の両方を持つ雌雄同体だが、ほかの個体と交尾しないと繁殖できない種類もある。交尾するときは2匹のミミズが隣同士に並んで卵と精子を交換する。

- ミミズは快適な環境であればどんどん増えて何倍にもなる。主な7種類のミミズだけでも1m²あたり最大432匹もいるという調査結果がある。

- ミミズはたいてい1日に自分の体重の半分から同じ重さの有機物を"食べる"。ただし、種類によって食べる量にはちがいがある。

- 土を掘り返したときにふたつに分断されたミミズがべつべつの個体として再生するかどうかという大きな疑問については、残念ながらまだはっきり解明されていない。"ときどき再生することがある""再生する種類もある""再生することはない"など、研究者によって答はまちまちだ。

- ミミズは脳を持たない代わりに脳神経節という神経細胞があり、腹髄神経節で感知した熱、光、水分、接触、振動などの外的刺激に、すぐに反応できる。

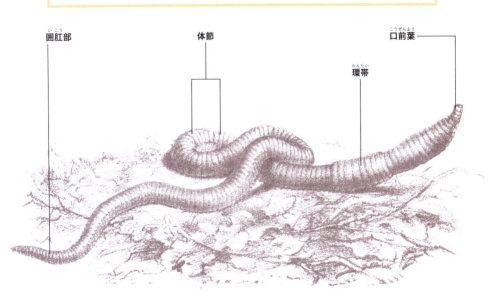

根はどこへ向かう？

根には謎が多い。何本あるのか、どのくらい広く、深く伸びるのか？　根は、重くて密度が高く、湿り気があって、見通しの悪い土のなかで生きるようにつくられている。だから、根を観察しようとして土をどかしたとたん、いちばん頑丈な部分だけを残して根がだめになってしまう。植物が生長し、健康を保つためになくてはならない大切な存在でありながら、その生態にいまだに謎が多いのはそのためだ。「見えないもののことは気にしない」。園芸家がそういう境地に達するのも無理はない。

植物として生きるための活動、つまり光合成と繁殖はどちらも地表より上でおこなわれる。だとすれば、根に求められるのは、体が倒れないように支えとなり、地中に含まれている水分とミネラルを見つけて、悪天候や事故に備えておくという最低限の働きだけであってもおかしくはない。ところが、根そのものも生きているので、葉から絶えず糖分を供給してもらわなければならない。実は、根も芽や葉と同じように、生育環境に順応して量や性質が変わる。

古くから、根は地表に出ている植物や木を鏡に写したような姿をしていると言われてきたが、その説は間違っている。実を言うと、根の大きさとかたちは植物によってまちまちで、長い根を地中深くまで伸ばす草花もあるし、浅く広く根を張る低木や木も多い。

氷山の一角

こぶりな一年生植物は根も短いのではないか。その予想は当たっていることが多く、エンドウマメ、タマネギ、ジャガイモなどの根はとても短い。ただし、小さい植物であっても（土の状態が良ければ）地中深くまで根をおろすことがある。実際、カブの根は深さ80cm、ホソムギは15cm、小麦は12cmまで伸びることがある。中くらいの大きさの多年生植物は、根もそれなりに長くなければ生きていけない。低木の場合、根は地表の樹高と同じくらいの長さまで生長する。低木は、高木とちがって定期的に剪定されることが多く、枝と根のバランスが崩れてしまうことがよくある。きれいに刈り込まれた生垣では、丈の高さにかかわらず、生垣の生えている範囲から1m以上先まで根が伸びることは滅多にない。ただし、生垣に使われている低木を剪定しなければ、根はかなり長くなる。

奇妙な地中の世界　　99

問題の根っこ

木の根は土から水分を吸収できるようにかなり大きく生長し、横にも広がって
いく。その結果、水分を奪われた土が収縮し、建物や壁、地中に埋められた管
などがひどい損傷を負うことになる。かたい土に行く手を阻まれない限り、根は
水と空気を求めて伸び続けるので、地表から浅い場所にあり、水漏れしている
下水管は根の恰好の餌食になる。

木の根は、地表での姿を鏡に映して逆さにしたかたちをしていると考える人が
多いが、実は地表から1m以内の、栄養素と水分が豊富な範囲で横に広がって伸
びる。このように "板状" に伸びていく根が樹高より長くなることも珍しくなく、
とくにポプラ *Populus* やヤナギ属 *Salix* などの根は、地中でどんどん広がり続
けて、樹高の3倍の長さになることもある。

とはいえ、土に十分な深さがあり、
かたすぎず、過剰な酸や水分によ
って邪魔されることがなければ、
根は水分を求めてどこまでも深く
突き進んでいくこともある。

間違った根の姿

正しい根の姿

どうして雨が降ると土が酸性になるの？

空気中では二酸化炭素が自然に発生するので、雨水のpH値は中性の7よりも酸性に近くなり、ときには5.5前後にまで下がってかなり酸性よりの値を示すこともある。大気中には人間が排出した二酸化炭素のほか、二酸化硫黄や酸化窒素などの汚染物質も含まれていて、大気汚染の影響で酸性雨が降る。

酸性雨を迎え撃つ

石灰石やチョークの粉を含んだ土にはアルカリ性の炭酸カルシウムがたくさんあるので、酸性雨が降っても中和される。粘土を多く含む土にもアルカリ性の物質が蓄えられているので、すぐに酸性雨の影響が出ることはない。ただし、砂地に雨が降ると、土がたちまち酸化してしまう。

強い酸性の土地では植物を栽培することができないので、酸性の農地や庭にはこまめに石灰を混ぜて土を肥やさなければならない。堆肥はたいてい強いアルカリ性なので、酸性の土地を中和してくれる。

雨は局地的な現象なので、どんな土地に雨が降ったかによって影響の度合いはことなる。アルカリ性の土地であれば、酸性雨が降っても中和される。もともと酸性に近い土地に雨が降ると、遅かれ早かれその土地は酸性になる。

湿地や高台など、食物の栽培がおこなわれていない土地は酸性のままになっていることが多い。これらの土地を食物を育てられる状態にするには大量の石灰を加えて中和しなければならず、割に合わない。

酸性の土が植物の生育にとって問題であることに変わりはないけれど、人間の活動が原因で起こる大気汚染はここ数十年のあいだ減少しつつある。とくに石炭を燃料として使わなくなった地域では、硫黄（強い酸性）による汚染がかなり改善していて、逆に地中にある程度は必要な硫黄が欠乏するまでになっている。土の管理の極意はバランスを見極めることにある。必要な成分を足し、過剰な成分を取り除いて、できるだけ栽培に適した状態に保つことが重要だ。

奇妙な地中の世界　101

答はほんとうに土のなかにある？

1950年代にイギリスで流行したラジオ番組に登場するサマセット地方の農夫は、いかにも田舎の農夫らしいアクセントで話す賢い男で、誰に何を訊かれても訳知り顔で「答は土のなかにある」と答えた。この人物は土地をきちんと手入れしてさえいれば、なにごともうまくいくと信じていた伝統主義者をあらわしているのだが、彼の言ったことはほんとうなのだろうか？

土は最高の子守役

土は植物の生育にとって欠かせない役割をいくつも担っている。植物が育つには十分な水分がなければならないが、土が雨季に水をたっぷり蓄えているおかげで、乾季のあいだも植物は水不足にならずに生きのびていける。土は植物の温度管理も

してくれる。春になると根をあたためて生長をうながし、夏のあいだは過剰な熱から根を守る役目を果たす。寒さが厳しい地域では、冬のあいだ冷たい霜からも植物を守ってくれる。

農夫が言ったことはほんとうだ。そこに植物が育ち、その植物を動物が食べるということから考えても、土が生物の命を養えるかどうかが人間の食糧事情を左右する。土のほかに植物を育てられる媒体はないかと、多くの人が努力を重ね、創意工夫を繰り返してきたけれど、いまだに土に代わる媒体は発見も開発もされていない。

土のなかのヒーローたち

土は自然界のヒーローたちの住処でもある。地中には微生物、通気をよくして土を豊かにするミミズ、有能な生化学者さながらに有機物を分解して植物の栄養や腐葉土をつくる菌類など多様な生物が存在している。だてに"貧者の熱帯雨林"（熱帯雨林と同じように地中にも多様な生物がいるという意味）と呼ばれているわけではない。

枯れた木はいつまで立っていられるの？

枯れた木はいつ倒れてもおかしくない。とくに根が病気におかされて腐ってしまい、重い地上部だけが残っているとしたらなおさらだ。ところが、根の病気以外の原因で枯れた木は、長ければ100年ものあいだ立ったままでいることがある。都市部や人間の管理下にある土地では、倒れてくると危ないので、枯れた木を撤去することが多い。ただ、枯れ木はたくさんの野生生物の命を支えているので、先端や横に張りだした枝を切って高さと横幅を縮め、そのまま残しておくほうがいい場合もある。

カバノキ属 *Betula* やトウヒ属 *Picea* の木は朽ちやすく、枯れたあとはせいぜい1、2年しか立っていられない。マツ属 *Pinus* やコナラ属 *Quercus* のようにとてもかたいか樹脂の多い木はもっと丈夫で、10年くらいは立っていられる。乾燥した寒冷地よりも、温暖で湿度の高い地域のほうが枯れ木ははやく倒れる。ナラタケ属のキノコに侵されて根が腐った木は、病気の兆候が見えた途端すぐに倒れてしまう。

生息地の気候と根や木質部の状態によって、立ったまま枯れて死んだあと2年ほどで倒れる木もあれば、何十年も立ったままでいられる木もある。

倒れるべきか倒れざるべきか

庭に高い木が生えていると日よけや目隠しになるので、枯れて葉が落ち、むきだしになった枝にスイカズラ属 *Lonicera* やクレマチス属 *Clematis* やバラ属 *Rosa* の花をまとわせて残しておこうとする人がいる。花で飾ると見た目は華やかになるけれど、船でいえば"帆"にあたる面積が増えるので、むき出しの枝よりも風をうけやすくなり、なぎ倒される危険が高まる。

枯れ木はかならず風になぎ倒されるわけではなく、サルノコシカケなどのキノコが発生して幹が腐ってもろくなり、地面より上で折れることも多い。頂上に近い部分と横に張りだした枝を切っておけば倒れる危険は小さくなる。

木は枯れたあともたくさんの野生生物の生活を支えているので、野原や森林など倒れても危なくない場所であれば、自然にまかせてそのままにしておくことが多い。やがて倒れるときには、地中に残っていた根が土を押し上げて穴ができる。湿った地面に横たわった枯れ木は立っているときよりもずっとはやく朽ちる。ただし、倒れたときにできた穴は何年もずっとそのままで、やがて周囲は原生林のような穴だらけの地面になる。

枯れ木が大好きな生き物たち

ヨーロッパミヤマクワガタ *Lucanus cervus*
大型の甲虫で、鹿の角のようなかたちをした大あごが特徴。夜行性。丸まった幼虫は枯れ木を食べる。

カンムリガラ *Parus cristatus*
枯れ木の穴に巣づくりする鳥。イギリスではスコットランドの古代松の森にだけ生息している。

ユーラシアコヤマコウモリ *Nyctalus noctula*
日中は枯れ木のなかで休み、夜になると"狩り"に出かける。

ヨーロッパミヤマクワガタ
Lucanus cervus

ワラジムシ *Porcellio scaber*
枯れ木を食べる。甲殻綱の仲間で、湿った環境でなければ生きられない。害虫と言われることもあるが、たいていは無害。

アイカワタケ *Laetiporus sulphureus*
明るい黄色をした食用キノコ。枯れ木に寄生する。

ワラジムシ
Porcellio scaber

キノコはどうして木の根元で育つの?

木の根元を囲むようにキノコが生えている様子にはどこか幻想的な魅力があるが、たまたま絵になるような生え方をしているわけではない。キノコと木はしばしば助け合いながら共生している。木の根元にキノコが生えているのは、地中でなにが起こっているかを示す証拠なのだ。

家族になる

木とキノコが手を取り合うといいことがたくさんある。木は葉の光合成によってつくった糖分と引き換えに、キノコが吸収した水分とミネラルを手に入れる。キノコは菌根(きんこん)という繊維状の共生体を地中でどんどん広げていく。菌根をつくる菌糸はとても細く、木の根よりもはるかに数が多いので、より広い範囲からミネラルを吸収することができる。木はリンなどの主要なミネラルを大量に必要としていて、キノコが吸収したミネラルは菌糸から木の根へと受け渡される。

木とキノコの共生関係はお互いにとって都合がいいだけでなく、痩せた土地では協力し合わなければ生きていけないこともある。手入れの行き届いた庭や公園であれば、木は肥沃な土から自分で栄養を吸収することができるけれど、生存競争の激しい環境で生きのびるには、地下に広くはびこる菌糸の助けがどうしても必要になる。

ただし、木の根元に生えるキノコがみんな親切だと思ったら大間違いだ。ハチミツのような色のキノコが生えていたら、地中でナラタケが繁殖しているのかもしれない。ナラタケは木の根に寄生して一方的に栄養を奪うだけで、なにも恩返しをしてくれない。それどころか、庭木を枯らすキノコとして知られていて、森や農園や果樹園で発生すると壊滅的な被害につながることもある。

A 多くのキノコは木の根と協力し合いながら良好な関係を保っている。菌根が地中に広がっているので、秋になると離れた場所からもキノコが顔を出し、やがて栄養満点の胞子を飛散させる。

木と仲良しのキノコ

木と協力して生きるキノコのうち、おいしいキノコと、食べられないキノコをいくつか紹介しよう。

夏トリュフ *Tuber aestivum*

コナラ属 *Quercus* やハシバミ属 *Corylus* と共生する。高級珍味として知られ、イギリスでもときどき自生している。

夏トリュフ
Tuber aestivum

アンズタケ *Cantharellus cibarius*

どちらかというと広葉樹を好む。オレンジで、漏斗のようなかたち。ほんのりと花の香りがして美味。

アンズタケ
Cantharellus cibarius

ヤマドリタケ *Boletus edulis*

ナラの木と相性がいい。丸くて茶色いカサがある。厚く肉質で、煮込み料理に最適。

ヤマドリタケ
Boletus edulis

ベニテングタケ *Amanita muscaria*

カバノキ属 *Betula* を好む。赤いカサに白い斑点があり、おとぎ話の毒キノコそのもの。毒性が強く、食べると幻覚症状を引き起こす。

ベニテングタケ
Amanita muscaria

シダーカップ *Geopora sumneriana*

ヒマラヤスギ属 *Cedrus*、イチイ属 *Taxus* の木と手を組む。大きなコップのようなかたちで、成熟すると開いた部分に切れ目が入り星型になる。毒があるので食べられない。

シダーカップ
Geopora sumneriana

根が植物の体全体に占める割合はどれくらい？

植物学では、ひとつの個体の地下にある根と、幹または茎、枝、葉など地上に出ている部分の相対的な比率をTR比（Top（地上部）／Root（地下部））という指標で示す。地下部と地上部の比率は植物の種類によって大きく異なる。

地上部と地下部

大きな木は根も当然大きいはずだと思っている人もいるかもしれない。その推測はある程度当たっていて、根があまりに貧弱だと木はすぐに倒れてしまう。ただ、全体の割合から見ると、根が植物の体に占める比率はかなり小さく、地上部は地下部の5倍もの比重を占めている。木は日光に当たらなければ生長できないので、とくに森林では周辺の木々との競争に勝つためになるべく大きくなろうとする。だから木は幹や枝に優先的に栄養をまわして大きく育てる。

一方、草は根の生長に力を入れていて、草の体は全体の5分の4ほどが土のなかに埋まっている。なぜかというと、草は草食動物に食べられてしまうので、木とちがっていつでも再生できるようにしておかなければならないからだ。木のように日光を求めて周りの草と争うことはないけれど、土のなかでは水分と栄養をめぐって激しい戦いが繰りひろげられている。

発育条件が整っていれば、若芽のTR比はこの絵のムラサキバレンギク *Echinacea purpurea* のように均等にバランスが保たれる。痩せた土地では根が小さくなることがある。

A 意外なことに、木の根が体全体に占める割合は草に比べてずっとすくない。木の根が比較的小さいのは、できるだけ長生きするための要となる部分に栄養を優先的につぎ込むからだ。

奇妙な地中の世界　107

土のなかにある石は
どかしたほうがいい？

昔から植物を植えるときは目に見える石を土のなかから徹底的に取りのぞくべきだと言われてきた。石をどかすという作業がどれほど大事かは何を植えるかによっても変わってくる。それに、見た目も重要な判断基準になる。熊手できっちりならされた土が好きか、粗野なままの土が好きかは庭の持ち主の好みによる。

どかす？　どかさない？

石を取りのぞいたほうがいい場合

- 芝生：石をすべて取りのぞいて熊手でならしてからタネを蒔かないと、やがて石が地表へと押し上げられてこぶになり、草刈機が故障する原因になる。

- 上げ床花壇：上げ床花壇を上手につくるには土を最適な状態に保つことが肝心だ。石は丹念に取りのぞいておこう。

取りのぞかなくてもいい場合

- 芝生：タネから育てるのではなく買ってきた芝生を敷くなら、目につく石をどかす程度でいい。

- 低木の茂み：低木は土のなかに石があっても問題ない。

多くの植物は石があっても耐えられる。低木はとくにたくましく、どんなに植物の生育に適していない土地でもどうにか生きていけることが多い。とはいえ、野菜を栽培したいときや、花壇をつくりたいときは、植える前に石を取りのぞいておくほうが無難だ。

石を嫌う植物もあれば、そうでないものもある。たとえば高山植物はもともと石の多い高山帯に生息するので石があっても問題なく生きていける。一年草や繊細な多年草を植えて、きれいな花を咲かせ、たくさん実をつけさせたいときは、植物が水分と栄養をたっぷり吸収できるように、根が張る範囲の土から石をどかしておくほうがいい。だいたい地面から深さ30cmくらいまでを目安にするといいだろう。

嵐の日に木の下にいると根が動くのがわかる？

さいしょに警告しておく。嵐のさなかに木の下に立つなどという危ない真似は絶対にしてはいけない。枝が折れて落ちてくる危険があるだけではない（ひどいときには木ごと倒れてくることも考えられる）。木は周囲でいちばん背が高いことが多いため、落雷の標的にもなりやすい。木よりも人間のほうが伝導性に優れているので、運が悪ければ、雷が木を通り越してあなたを直撃するかもしれない。

木の根は水平方向に伸びて、樹高の1.5倍の広さに相当する範囲に土台を形成する。強風にあおられても、その大きな土台が衝撃を吸収する。葉や枝や幹が風で揺れたときにかかる負担を、しっかりと張った根の土台が相殺するのだ。根は土の塊と絡まりあって強固な土台となり、岩にまとわりついて体を支えている。

持ち堪えられないこともある

土台がどれほど磐石でも、強風に耐えられずに倒れてしまうことがある。地中に根を残して真っ二つに折れるのではなく、土台ごと土から引っこ抜かれて根こそぎ倒れることが圧倒的に多い。2012年の北米のハリケーンシーズンは、かのサンディに襲われたことで最高潮に達した——というよりむしろ最悪の状況に陥った。サンディは壊滅的な被害をもたらし、記録によれば、ニューヨーク・シティだけでもおよそ8500本の木が根ごと倒れた。また、ハリケーン以外にも木が倒れる理由はある。

仮に強風が吹き荒れる嵐の日に大木の下に立っていたとしたら、幹が風を受けて揺れることで生じた刺激が根に伝わって、地面が動くのを実際に感じることができるだろう。

どうして木は倒れるのか

木が根ごと倒れるいちばんの原因は風にあおられることだ。幹に加わる力が大きすぎると、てこの原理で根ごと引き抜かれて倒れてしまう。背が高い木ほど根にかかる負担が大きくなるので、そのぶん倒れる危険が大きい。また、住宅地に生えている木は、建物の基礎などに邪魔されて野生の木ほどしっかり根を張ることができないので倒れやすい。湿地では根を伸ばさなくても十分な水分を吸収できるため、乾燥地に比べて根が浅く、やはり木が倒れやすくなる。

ただ、嵐には、それまで眼に見えなかった木の傷んだ部分を露わにしてくれるという利点もある。木の一部で腐敗が進むと負荷を分散できなくなり、弱い部分が風の影響をじかに受ける。そのせいで、木全体が倒れることはなくても、枝だけが折れる場合がある。

根がひとつの大きなボールのように回転して、ボールソケットがはずれるように根ごと倒れた木。樹冠が船の帆の役割をして風を受け、その大きな負荷が根にかかる。

木はプールの水を
ぜんぶ飲み干すことができるの？

ふつうなら、木がプールの水を"飲む"ことはできない。コンクリートやガラス繊維に阻まれて水にたどりつけないからだ。プールから水が漏れていたとしても、木の渇きを潤すのに十分とはいえない。けれども、もし木がプールの水を自由に飲めるとしたら、プールが空っぽになることはあるだろうか？

木は人間と同じように水を"飲む"わけではない。木が土から吸い上げた水の9割は、蒸散によってそのまま大気中に放出される。残りの1割が体内にとどまって、生命を支え、生長の糧になる。プールから水が漏れていたら、根は当然その水を求めて近づこうとする。ところが、根が生きていくには酸素も必要なので、漏れ出た水を目指してまっしぐらというわけにはいかないこともある。地面の近くに亀裂が入って水が漏れると、根は水にも酸素にも届くので、プールの水がぜんぶ飲み干されてしまうリスクは大きくなる。また、自然にできた水たまりの場合は、周りに遮るものがないので、太い根が水を求めてたくさんあつまってくる。

格別な一杯になるか

木の健康にとっていい水かどうかという点でも、塩素で消毒されたプールの水は理想的とはいえない。塩素は毒性が強く、濃度がわずか0.5ppmでも木にとっては害になる。とくに生長期の木は耐性がないので塩素中毒になってしまうおそれがある。なかでもカエデ属 *Acer*、トチノキ属 *Aesculus*、トネリコ属 *Fraxinus* の木は塩素の毒にとても弱い。

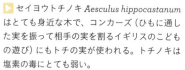

▶ セイヨウトチノキ *Aesculus hippocastanum* はとても身近な木で、コンカーズ（ひもに通した実を振って相手の実を割るイギリスのこどもの遊び）にもトチの実が使われる。トチノキは塩素の毒にとても弱い。

たくさん飲む木とあまり飲まない木6選

水をたくさん飲む木
ニレ属 *Ulmus*
ユーカリ属 *Eucalyptus*
サンザシ属 *Crataegus*
コナラ属 *Quercus*
ポプラ属 *Populus*
ヤナギ属 *Salix*

ハクモクレン
Magnolia denudata

サザンブルーガム
Eucalyptus globulus

水をあまり飲まない木
カバノキ属 *Betula*
ニワトコ属 *Sambucus*
ハシバミ属 *Corylus*
モチノキ属 *Ilex*
キングサリ属 *Laburnum*
モクレン属 *Magnolia*

侵入を食い止める

ふつうは木の根がプールを破壊してしまうことはない。ところが、竹の根はとがっていて、どこへでも侵入できるので、近くに壊れやすいプラスチックでできているプールがあったら、根がプールの外壁を突破してしまうかもしれない。現実的な対処方法としては、地下1mより深いところに強度のあるプラスチック製の仕切りを埋め、竹とプールのあいだを数cmあけるようにするといい。

大木は1日450ℓもの水を地面から吸い上げているので、量だけを考えれば木はプールの水を飲み干すことはできる。ただ、塩素は木にとっては毒になることが多いので、プールの水は木の水分補給に適しているとはいえない。

雨があがると地面に石があらわれるのはなぜ？

園芸をはじめたばかりの人は、春に雨があがったあと、耕してならしたばかりの庭が石におおわれているのを見てがっかりすることがある。はなはだ迷惑な話だが、この"お呼びでない"作物は、いちどぜんぶ収穫して取り除いても、次の年にはまた姿をあらわす。雨が降ると石が出てくるのは、どういうわけなのだろう？　それも何度も何度も……。

二毛作

困ったことに、いちど石を取りのぞいても、次の年に土を耕すと、また同じように雨あがりには石があらわれる。毎年その繰り返しで、きりがない。庭いじりや家庭菜園を続けていると、春になってさいしょの雨が降ったら、庭や畑から石をどかす作業が毎年欠かせないことは嫌でもすぐに覚える。昔はそういう石が役に立つこともあった。あとからあとから出てくるので、建築に使う石をわざわざ集める必要がなかったのだ。イギリス北部では、庭から出てきた平らな石を使って、この地方によくみられる伝統的な空積みの壁をつくっていた。

土のなかには石がいたるところに満遍なく存在しているのだが、年にいちど耕すことによって地面に近い場所に集まってくる。耕したばかりの土は雨が降ると沈むので、春になって庭を耕したあと、さいしょの雨が降ると石が眼につくようになる。

だめ押しの一手

熊手で石を掻き集める前に、知っておいたほうがいい。寒冷地では、冬になると土が凍り、土のなかで一緒に凍った水が膨らんで土を下から押しあげるので、春がきてさいしょの雨が降ると、余計に庭が石だらけになる。

◀ 地面に出てきた石をその都度どかしても、下層土には石が無限にあるので、何度でも繰り返しあらわれる。

奇妙な地中の世界　113

木が燃えると根にも火がまわる？

北部の寒い地域では、森林火災が大きな問題になることはない。そもそも滅多に森林火災が起こらないし、起きたとしても、広い範囲に燃え広がることはほとんどない。けれども、世界にはカリフォルニアやオーストラリアのように森林火災が大きな災害になる地域があり、とくに地中火が原因で甚大な被害に見舞われることもある。

イギリスでは木の根は湿った土に厚くおおわれていることが多いので、地表に出ている部分に火がついたとしても、根まで燃えることはほとんどない。

気温が高く、乾燥した地域では、根も燃えることがあり、実際そういう事例も報告されている。根まで燃える場合、地面の堆積物にキャンプファイヤーの火が燃えうつったり、雷が落ちたりして発火するケースが多い。燃えかすが浅い場所にある乾いた根に火をつけ、場合によっては火が地下を通ってかなり遠くまで広がって、数日間から数週間、さらには数か月ものあいだくすぶり続けることもある。地面が煙っているのを見て、地下で火事が起きていると気づくこともある。くすぶり続けた火はやがて地上に伝わって地上の木を燃やし、ときには森林全体を焼き尽くす。だから森林火災が多発する地域の消防団は、地中火を完全に消しと

安全な消火方法

ひと昔前なら、ボーイスカウトやガールガイドでキャンプファイヤーの正しい消しかたを教わったものだが、今ではそういう知識を身につける機会がすくないので、火の消し方のポイントを覚えておこう。

• 屋外の火には水をかけて消す。

• 火は絶対に土に埋めてはいけない。埋めてしまうと、地下で燃え広がる危険がある。

• 燃えさしはきれいに集めて、冷めてから処分する。まださわれないくらい熱いうちは、そのまま放置してはいけない。

めるには、燃えている場所一帯を掘りおこすしかないことをちゃんと心得ている。

根は乱暴者？

なかば都市伝説のような話だが、木の根が建物の基礎構造を破壊することがあると昔から言われている。家主たちは木の根にどれほどの破壊力があるのかと、つい大げさに心配しがちだ。けれども、現実には空気と水がなければ生きていけないといった制約がたくさんあって、木の根はどこへでも自由に伸びていけるわけではない（ただし地中にはわたしたちの想像以上に空気と水がある）。それに、根はふつう障害物を突き破るより、迂回する傾向がある。根が建物の基礎を破壊した例もなくはないけれど、ほとんどが間接的な影響にとどまっている。

土をちゃんと押しかため、深くて磐石な地盤の上に建物の基礎を築いておかないと、いずれ沈下が起こる。木の根は都合のいい隙間を見つけると、すぐに入り込んでしまうからだ。とはいえ、そもそも隙間がなければ、根が入り込む余地はない。粘土質の重い土は、天気のいい日には乾燥して一気に縮み、湿度が高いと水分を吸収して大きく膨らむ。木が地中の水分を吸い上げるので、乾燥した日には土がいっそう縮んでしまう。やがて、雨が降って土がふたたび水分を蓄えても、木が吸い上げる水の量にいずれ追いつかなくなる。そうなると地盤が沈下して、建物の基礎がダメージを受ける。

木がひきおこす問題を挙げるより、木がほんとうは悪者ではないことを示すほうがずっと簡単かもしれない。木は下水溝や舗装された道路や壁や家の基礎を攻撃したりはしないからだ。問題があるとしたら、それは木が直接なにかを壊すのではなく、地盤沈下による間接的な被害だろう。

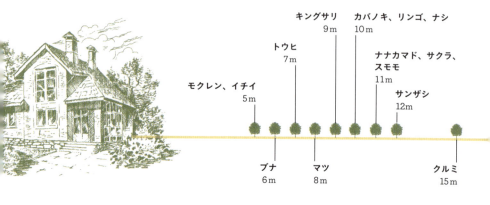

モクレン、イチイ 5m
ブナ 6m
トウヒ 7m
マツ 8m
キングサリ 9m
カバノキ、リンゴ、ナシ 10m
ナナカマド、サクラ、スモモ 11m
サンザシ 12m
クルミ 15m

奇妙な地中の世界　115

木は深いところが好き？

木はどのくらい深く植えたらいいのだろう？　根巻きの頭頂部が地面よりかなり下になるように深く植えるのがいいとずっと言われていて、その真偽が長いあいだ議論されてきた。牧師で園芸愛好家でもあり、ベストセラー『郊外に暮らす主婦の庭づくり（Country Housewife's Garden）』の著者としても知られるウィリアム・ローソンは、1618年の時点で、木を深く植えるのはよくないと声高にうったえていた。今では彼の主張が正しかったことを科学が証明している。木は"地面と水平に"、つまり根巻きの頭頂部が地面と同じ高さになるように植えるといいことがわかってきたのだ。根には水だけでなく空気も必要なので、深く植えてしまうと上に向かって伸びざるを得なくなる。水と空気をほどよく取りこむには地面に近い場所が最適なので、深く植えられた根は横に広がってしっかりとした土台を築く代わりに、われ先に上を目指そうとしてお互いにこんがらがってしまう。土台が磐石でないと木は安心して育つことができないので、木のためには浅く植えるほうがいい。

地面

これから植える若木

▼ 木の根が建物に被害をもたらす危険性は低いとはいっても、用心するにこしたことはない。根がどのくらい遠くまで伸びるかは木の種類によってちがうので、それぞれの種類に応じて建物とのあいだの距離を決めるといい。

イトスギ、カエデ、トネリコ
20m

セイヨウトチノキ
23m

ニレ、ナラ
30m

ポプラ
35m

ヤナギ
40m

切り株はいつまで残る？

木がある場所には遅かれ早かれ切り株ができる。木が病気で枯れることもあるし、木材として使うため、または大きくなりすぎて邪魔だからといった理由で切り倒されることもある。いずれにしても、木が倒れたあとには切り株が残る。もし掘り出さずに放っておいたら、切り株はどのくらいそのまま残っていられるのだろう？

なんらかの理由で切り株の腐敗が進まないことがある。たとえば、土のなかで根がほかの木の根とつながっている場合は、栄養を摂取し続けられるので、切り株はいっさい腐らない。そばにある木に"養って"もらっている木が再生して大きくなることはないけれど、マツ属 *Pinus* など、種類によっては生きているあいだと同じように年輪をつくる木もある。また、ヤナギ属 *Salix* は切り倒されても死ぬことはなく、切り株からすぐに新しい幹が生えてくる。

庭の切り株が邪魔だからどかしたいと思っても、重機をつかって掘り出すのは高くつく。そういうときはチェーンソーで切るか、ハンマーで楔（くさび）を打ち込んで切り株を割るか、または切れ目をいれると、表面積が増えて菌類などの生物が寄生しやすくなるので、腐敗を早めることができる。

切り株はたいていじめじめした土の上に取り残され、菌類や虫や微生物の恰好の餌食になる。いわば、いつ朽ちてもおかしくない環境におかれているわけだが、実は驚くほど忍耐力がある。

奇妙な地中の世界　117

スタンペリーガーデンをつくる

ヴィクトリア朝時代の園芸家はテーマを決めて庭づくりをするのが好きで、切り株をつかったスタンペリーガーデンは人気のテーマのひとつだった。スタンペリーガーデンは庭の一角に切り株を並べて飾り、その周りにシダや木々を植えてつくる。切り株の腐敗が進むと切り株の周りにキノコやコケが生えていっそう風情がある。

　もともとは木が倒れていくつも切り株が残っている場所を庭に見立てることからはじまったようだが、人気の高まりとともに熱烈な愛好家が自分の庭に切り株と丸太を持ち込むようになった。もし庭のかたすみにスタンペリーガーデンをつくってみたいなら、もともとある切り株を使うにしても、どこかから仕入れるにしても、切り株の表面に砂糖などを一切加えていないプレーンヨーグルトを刷毛でひと塗りしておくといい。そうすればすぐにキノコやコケが寄生するようになる。

▼ ロックガーデンに魅力を感じない人には、スタンペリーガーデンがお勧めかもしれない。基本的なつくりかたは同じで、水はけのいい土地に繊細な植物を植えていく。スタンペリーガーデンではシダなど森林に生息する植物をつかうことが多い。

残された時間

切り株になってから朽ちるまで木に残された時間は、内部の密度や腐敗への耐性によるところが大きく、木の種類によってもかなりちがう。

身近な6種類の木の切り株が完全に朽ちるまでにかかる時間をあげておく。

- カバノキ属 *Betula*　40〜45年
- トウヒ属 *Picea*　55〜60年
- マツ属 *Pinus*　60〜65年
- トネリコ属 *Fraxinus*　75年
- サクラ属 *Prunus*　75年
- コナラ属 *Quercus*　100年以上

冬になって一年草が枯れると、根も一緒に枯れるの？

一年草は庭を彩る主役でありながらとても短命だ。花を咲かせ、タネをつけたら、その季節かぎりで死んでしまう。多年草も時期が過ぎれば枯れるけれど、次の年にはまたよみがえり、その繰り返しで生き続ける。ところで、土のなかではどうなっているのかも気になるところだ。一年草は根も一緒に枯れるのだろうか？

多年草vs一年草

一年草とちがって、多年草は何年も生き続ける。ただし、冬のあいだは根をぜんぶ残しておくわけではない。木のように地上に出ている体を根で支える必要がないので、休眠中は根の一部が枯れ、春になるとまた増えて、生長に必要な栄養を吸収できるようになる。

多年草がどんなふうにサイクルを繰り返すのか、オランダイチゴ属 *Fragaria* を例にとって見てみよう。オランダイチゴ属は、晩冬から初春にかけては根を生長させることに栄養をつぎ込むが、春が終わりに近づくと花を咲かせて実をつけることにエネルギーを集中させ、根の一部は死んでなくなる。

実がなったあと、夏のあいだは葉が栄養を独り占めして、根は減り続け、秋には最小限の根だけが枯れずに残る。この頃になると根が全体に占める割合はとてもすくなくなっている。けれども、春が来たら思い切り躍動できるように、冬のあいだも着々と復活の準備は進んでいる。

> 一年草は短い一生を終えると、あとかたもなく消えてなくなる。土のなかでは冬のあいだに根が朽ちていき、次の年にはほかの植物の栄養源になる。一年草が消えて空いた地中のスペースは通気と水はけの役に立つ。

エゾヘビイチゴ
Fragaria vesca

奇妙な地中の世界　119

Q 地下水面ってなに？

雨が降ると、いわゆる水の循環がはじまる。雨水は排水管や排水溝のなかに流れていき、やがて川へ流れ込む。また、一部の雨水は石灰岩や砂岩など浸透性のある岩を通って土に吸収され、地下の帯水層に溜まる。その水がこんどは泉を満たし、その泉を起点にして川が流れる。やがて川から海に流れ込んだ水は蒸発して雲になり、また雨を降らす。そこからまた循環がはじまり、水は巡り続ける。

地下水の満ち引き

おそらくみなさんが想像しているとおり、冬は地下の水面が浅く、夏は深くなる。大雨が降るとすぐに水面は上昇し、雨がいつまでも続くと水が地表に溢れ出ることもある。地下水面は、排水溝や川の近くでは地表に近く、川から離れた石灰土の土地や砂地ではかなり深くにある。頭のなかに思い描いた地下水面はずっと水平に流れているかもしれないけれど、地面が傾斜している場所では地下水面もだいたい地面と平行に流れていて、すこしずつ土に染み込んでいく。

　井戸を掘ると地下水面から水を汲むことができる。水面が浅い場所では井戸は浅くても構わないが、帯水層から汲み上げるには、かなり深い穴を掘らなければならない。深く掘れば地下に溜まっている水を安定して利用できる。

A どんな場所でも土の下には雨水が溜まっている。水が溜まっている場所を地下水面という。地下水面の深さは場所と季節によってかなり差がある。

土のなかでべつの植物の
根と根が遭遇したらともだちになる？
それともライヴァルになる？

土のなかは場所によってとても混み合っているので、根を目一杯伸ばそうとすれば、ほかの（それもたくさんの）植物の根に行き当たるのは避けようがない。土のなかで根と根が出くわしたらどうなるのだろう？　お互いに助け合うのか、自分だけ生き延びようと争うのか、ただ単に無視し合うのか……？

一瞬の出会い

地上では植物の個体同士が長いあいだ接し続けて、やがてくっついてしまうということはない。"寄せ接ぎ"といって、人の手で意図的にふたつの個体の枝を縛ってくっつくように仕向けることはあっても、自然に接ぎ木が起こることはない。ところが、地下では事情がちがう。

　根は密度の高い土のなかで生長するので、どうしても動きがゆっくりになり、ほかの根に出くわしても素早くかわすことができない。だから根と根が周りの土に押されてくっつくことがある。それも、単にふたつの根が隣り合わせになったまま伸びていくのではなく、融合してひとつの根になる。地上ではべつべつの個体でも、根がひとつになったことで木は水分と栄養を分け合えるようになる。ただし、残念ながら病気も根を通じてうつってしまう。ニレ立枯病は、病原のキクイムシを介してだけではなく、地中でひとつになった根を通じて感染が広がるといわれている。片方の木や切り株に散布した除草剤の影響

種類のちがう植物の根は、ふつうは反目し合うものだ。ところが、自然界では根と根がくっついてひとつになる現象がよく見られる。とくに同じ種類の植物の根はその傾向が強い。

が根を通じてもう一方の木にまで及ぶこともある。

　種類の異なる植物の根と根がくっついてひとつになることもないわけではないが、きわめて珍しく、ふつうは同じ種類の根がくっつくことが多い。根がひとつになると木は強くなり、周りの植物の生長を抑えにかかる。2本の木のあいだの隙間をなくし、弱い植物が入り込めないようにするのだ。

奇妙な地中の世界　121

仁義なき闘い

植物によっては、有毒な化学物質を武器にほかの植物を攻撃して、生長を阻むという卑劣な手を使うことがある。

クロクルミ *Juglans nigra* の根はユグロンという毒性のある物質を出して、ほかの植物が呼吸できないようにする。リンゴ属 *Malus* とトマト *Solanum lycopersicum* が標的になることが多い。ユグロンは、樹高の３倍の長さになることもある標的の植物の根全体に行き渡るほどの猛毒だ。

ニワウルシ *Ailanthus altissima* の根からはアイラントンという分子が分泌されて、ほかの植物に害をおよぼすといわれている。多くの地域でこの毒による感染症が問題になっている。

ニュージーランド原産の低木、ギョリュウバイ *Leptospermum scoparium* はレプトスペルモンという生長を抑制する作用のある化学物質を分泌する。この成分は強力なので、市販の合成除草剤にも使われている。

クロクルミ
Juglans nigra

ニワウルシ
Ailanthus altissima

ギョリュウバイ
Leptospermum scoparium

どこまでが表土で、どこからが心土？

土の層の上部にある表土は色が濃く、もろい土で、甘い匂いがし、地中には線虫や植物の根がひしめいている。表土の下には、色が薄く、線虫も木の根もほとんど見られない心土があって、表土とはっきり区別できる。心土のさらに下には、粘土や岩石など地域によって異なる物質が地質を形成している。

耕作地の表土は、掘り返すときに使う鋤の刃の長さとだいたい同じ深さで、20～25cm程度のことが多い。その下には耕されることのない手つかずの土の層があって、表土よりも複雑な構成になっている。

土の層位

土は地表から岩盤に向かっていくつもの層をなしていて、それぞれの層を土の層位と呼ぶ。未耕作地では最大6層に分かれていて、土壌学ではそれぞれの層にアルファベットの頭文字をつけて分類している（ABCの順になっていないので、はじめて聞く人にはすこしややこしいかもしれない）。

いちばん上はO層位で、おもに木の葉など、まだ分解されていない有機物からなる。森林地帯では落ち葉が積もって、この層を形成する。湿地では水に覆われて泥炭質になるので、酸素が足りず、有機物の分解がなかなか進まない。

O層位の下はいわゆる表土で、A層位と

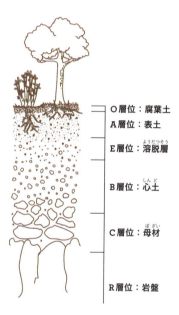

土壌学で用いられている土の層位の分類。何を植えるか決める前に、かならずどんな土壌か調べておくこと。

呼ばれる。暗色でもろい土からなり、栄養が豊富でミミズなどの生物がたくさんうごめいている。この表土で植物はタネから芽を出し、根を張る。湿潤な気候の土地では、鉄やアルミニウムなどの鉱物が表土を通ってA層位の底に蓄積し、淡い色の泥状のE層位となる。E層位は植物の生

育には不向きな性質で、農地にも、園芸にも利用できない（E層位がみられず、A層位のすぐ下に直接B層位が続くこともある）。

心土にあたるB層位は、淡色で有機物はみられず、表土に比べて土がかたくて浸透性も低い。おもに粘土と、堆積した鉄やアルミニウムからなり、水はけが悪く、通気性がないことが多い。心土に到達するまで深く掘ってみると、灰色の土が見え、鼻をつく酸っぱい匂いがするので、この層が植物の根が育つのにあまり適していないことは誰にでもすぐにわかる。

B層位の下のC層位は、おもに砂礫（されき）、粘土、そのほかの堆積物など"母材"と呼ばれる物質でできているのが特徴だ。とても深い場所にあるので、上部の層とちがって風化作用の影響を受けずに形成される。いちばん下はR層位といい、その土地の岩盤にあたる。

現代では、自然にできた土の層を崩さないように管理する方針が主流になっている。なるべく干渉せずに自然のままの状態を保つことによって、地中の微生物の活動が活発になり、土の生産力が高まる。土が自然な状態に保たれていれば、そこに生息する植物も環境に適応して進化することができる。

砂漠では

世界には岩盤が地表に近い深さにある地域がある。砂漠地帯では植物が育つことのできる層がとても薄く、B層位のすぐ下にカリチェという物質が堆積してできたかたい層がみられることがある。カリチェのおもな成分はカルシウムで、植物の根はその層を突き抜けることができないので、砂漠には根が短い植物が多い。

アオノリュウゼツラン
Agave americana

焚き火をすると土が傷む?

土はとても優れた絶縁体で、温度の上昇に強いので、ときどき庭で焚き火をするくらいなら土が大きな痛手を負うことはない。森林火災は巨大な焚き火のようなもので、火事の直後は地中の有機物が死に絶えて栄養が失われるけれども、すぐに新しい植物を植えれば土はたちまち復活することが研究によって明らかになっている。

焚き火の間接的な影響

焚き火はむしろ土に間接的な害をおよぼす。土を傷めないためには、燃やさないほうがいいものがある。とくに塗装した木材や化学処理を施した木材はぜったいに燃やしてはいけない。

塗装や化学処理のいったい何がいけないのか? かつて塗料には鉛が使われていて、防腐剤には最近までヒ素とクロムと銅が含まれていた。どれも毒性の強い物質で、焚き木が燃えつきたあとも灰のなかにそのまま残る。これらの物質は灰におおわれた土に吸収されて、そのままずっと土のなかにとどまるので、そこで育つ果実や野菜に取り込まれてしまうことがある。最近の防腐剤には植物の栄養にもなるホウ素が使われているのだが、植物が過剰に摂取すると強力な除草剤になる。化学処理をほどこした木材にはこのような汚染物質がたくさん含まれているので、燃やさずにゴミとして処分するほうが安全だ。

汚染物質の使われていない焚き木の灰は強いアルカリ性で、カリウムが豊富なので、植物にとっては貴重な栄養になる。酸性の土に薄くひろげるように撒けば中和剤にもなる。ただし、焚き火のあとをそのままにしておくと、その場所だけ極端にアルカリ度が強くなるので、すぐに片づけるようにしよう。

土を傷めることがないとはいえ、同じ場所で何度も繰り返し焚き火をすると、土が完全に回復する余裕がなくなる。できれば焼却炉を使うか、1か所だけが火に耐えなくてすむように焚き火をする場所をその都度移すほうがいい。

奇妙な地中の世界　125

夏になると土は乾燥して縮む？

季節の移り変わりにあわせて、土は気温の変化にさらされる。地面や地下を流れる水の量も変わる。土はその変化に耐えられるのだろうか？　土はこうした変化には寛容なので、たいていはなんの問題もない。ただし、土が干上がってしまうほど乾燥すると、その上に建っている建物を支えきれなくなって、地盤沈下が起こる。

A ほとんどの土は安定していて、水分を失っても体積はそれほど変わらない。ただし、なかには変化に敏感な土もあって、とくに粘土は乾くと縮んで小さくなる。

粘土質の土は乾燥すると縮んで、地面に亀裂がはいる。ひび割れた地面にふたたび水分が補給されたあとも、その穴はあいたまま残るのだが、それは植物を育てる者にとってはいいニュースといえる。粘土はみずからの性質を守ろうと最大限の努力をするが、縮んだときにできた裂け目はそのまま残るので水はけと通気性がよくなり、丈夫な根が育つ。

地盤沈下の末路

粘土は夏に乾燥して縮み、冬になるとまた水分を蓄えて膨らむ。その上に建っている建物も土の変化に合わせて夏はさがり、冬はあがる。建物が"沈む"という人がいるけれど、文字通り建物は沈んでいる。そばに木や草花があると、根が土から水を吸い上げるので、土の収縮がいっそう進む。冬になって水気が戻るときに、前と同じだけ水分を取り戻せれば問題ないのだが、そううまくはいかず、地中の水分はすこしずつ目減りする。そのせいで、建物の基礎も年々沈んでいく。

　地中深くまでしっかり基礎が組んである建物なら土の変化に耐えられるけれど、根である基礎が"浅い"と支えきれなくなり、建物の壁にひびがはいってしまう。

ローマ軍が敵地に塩を撒いて不毛にしたのはほんとうの話？

この逸話はずっと事実として語り継がれてきたが、真偽は定かではない。ローマとカルタゴが激しい戦いを繰りひろげたポエニ戦争に勝利したローマ軍は、征服した土地に塩を撒き、カルタゴの民が二度と作物を栽培できないようにしたという。この話が事実かどうかも気になるところだが、事実だったとして、土に塩を撒くとほんとうにその土地は不毛になるのだろうか？

ひとつまみの塩を求めて

カルタゴの土地に塩を撒いた話は史実ではなく、19世紀の創作らしい。今でこそ塩は機械で大量生産できるようになったが、古代ローマ時代は塩田や海水や井戸の塩水から手作業でつくっていたので、塩そのものがとても貴重だったはずだ。ただ、仮にローマ軍がカルタゴの土地に塩をたくさん撒いていたとしたら、効果は十分あったといえるだろう。大量の塩は除草剤と同じくらい強力で、近年の研究では、1ヘクタールあたり74トン強の塩を撒けば、農地は完全に不毛になると試算されている。

▶ 古代ローマでは軍人の給与は塩で支給されるか、給料で塩を買っていいことになっていた。ラテン語で"塩の支給"を意味する"サラリウム"が"サラリー"（給料）の語源になった。

塩を撒いたという伝説は、ローマ軍にとことん攻め尽くされてカルタゴの土地が荒地と化したことを大げさに伝えるためか、または、ローマ軍がカルタゴの水源に塩を混ぜたことから生まれたのではないかと考えられている。カルタゴが征服された紀元前2世紀頃にはすでに灌漑用水が

◀ 気温の高い地域では降水量よりも蒸発する水分のほうが多い。低い土地に溜まった水が蒸発すると、塩沢や塩湖や塩田になる。

奇妙な地中の世界　**127**

古代の世界では塩はとても貴重で、ローマの軍人は特別に塩を買う権利を与えられていた。どれほど敵が怖くて、戦いたくなかったとしても、貴重な塩を敵地に撒くようなもったいない使い方はしなかっただろう。

広く普及していて、灌漑用水が塩水になっていたら、作物にとっては命取りだったにちがいない。塩水は徐々に農地に染み込んで根の深さまで達し、その水を吸いあげた植物を枯らす。やがて灌漑用水を引き込んでいる農地全体に塩が蔓延して、作物が育たなくなる。そうなってしまったら、しばらくはその土地で栽培するのを諦めるか、淡水を大量につかって塩を洗い流してから栽培を再開するしかない。

◀ アッケシソウ *Salicornia europaea* は塩分濃度が高すぎて農業には適さないような土地でも耐えられる塩生植物。塩分の多い土地でも塩生の作物なら栽培できる。

塩と作物のせめぎあい

現代では、降水量の少ない地域の灌漑用水は、農地に塩が蓄積しないように、はじめから優れた排水設備と連動している。それでも不測の事態を完全に防ぐことはできない。塩はもともと土のなかにもすこしあるが、地中の塩分の大半は水に含まれていて、その水を作物が吸収している。地面に白い塩の粒が見えるくらい塩分濃度が高くなると、その土地は不毛になる。増え続ける人口の食糧を確保するため、世界各国で開拓が進められているので、農地は増加の一途にある。その一方で、塩分が多すぎて農地に適さない土地も増え続けていて、2014年の推計では6200万ヘクタールが不毛地帯といわれている。これはフランスとほぼ同じ広さに相当する。どうすれば母なる大地を塩という天敵から守ることができるのか。当然ながら、そのための研究が盛んにおこなわれている。

地中の生物はどうやって意思疎通するの？

ドバミミズはコミュニケーションが得意ではないといわれている。仲間に敵が近づいても警告しているようには見えないし、食べものがたくさんある場所を教えている様子もない。だからといって、ミミズはお互いに意思疎通できないと決めつけるのはまだはやい。ミミズのコミュニケーションについてはまだ十分に解明されていないだけだ。土は暗くて重くて不透明なので、ミミズなど地中に暮らす生物について研究を進めるのは困難なのだ。

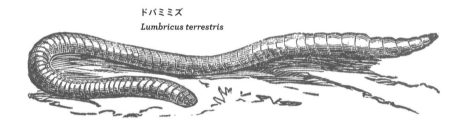

ドバミミズ
Lumbricus terrestris

ミミズは集団行動を好むという研究結果がある。生物学では集団行動は"数で対抗"する戦略とみなされている。

確たる証拠とはいえないまでも、コミュニケーションをしているのではないかと思える手がかりはある。たとえば、ミミズは繁殖相手の好みがうるさいようで、わざわざ離れた巣穴まで出向いて相手を探すと考えられている。相手を選ぶときになんらかのコミュニケーションを試みていると考えるのが自然だろう。

ほかにも、シマミミズ（堆肥箱にいる細くて赤いミミズ）の研究では、コミュニケーションをしている証拠があると報告されている。

ミミズ界のコミュニケーションの達人は線虫類をおいてほかにいない。とても小さく2万5000以上の種類がいて、なかには砂漠だろうと海だろうと、どんな環境でも生きていける種類もいる。コーネル大学でおこなわれた研究によれば、線虫類は化学物質で合図を送り合う。その合図の複雑さに研究者たちは驚きを隠せなかったという。というのも、線虫類は化学物質を組み合わせて仲間への伝言を残すのだが、組み合わせによっていろいろなメッセージがあることがわかったのだ。たとえ

あとにつづけ

ドバミミズがどの感覚をつかって一緒に行動しているのか確かめるために、さまざまな対照実験がおこなわれてきた。ある実験では、迷路のふたつの出口にそれぞれ食べものをおいて、迷路のなかにミミズを放したところ、1匹ずつ放したときはばらばらにどちらかの出口に向かい、同時に放すと同じ出口に向かう傾向があることがわかった。この結果から研究者たちは、ドバミミズは化学物質を分泌して仲間にメッセージを"伝えて"いるわけではなく（あるミミズがほかのミミズのあとを追ったとしても、地中では視界が遮られているので、前を行くミミズの行動を見て動いているとは考えられない）、触れ合うくらい近くにいるときに集団行動に見える行動をとるのではないかと考えている。

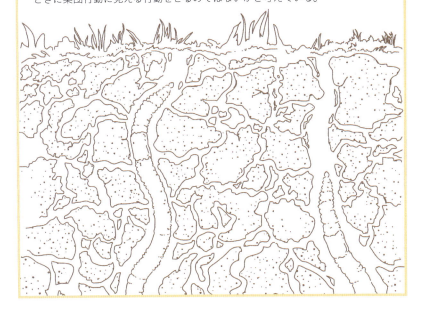

ば、ある2種類の化学物質を組み合わせると、近くにいる仲間に「あっちへ行け」と伝える合図になるのだが、その組み合わせにひとつ物質を加えて3種類になると、逆に「こっちへ来い」という意味になるらしい。コミュニケーションの達人とはいえないまでも、線虫類が化学物質による高度な"ことば"を使っていることから考えると、この先もっと驚きの事実が明らかになるかもしれない。

英国王立園芸協会とたのしむ植物のふしぎ

Q 植物が枯れたら根はどうなるの？

植物が枯れたとき、地表に出ている部分がどうなるかは見ていればわかる。そのまま放っておけば、枯れた植物はいずれ朽ちて土に還る。葉や肉質の部分は朽ちるのがはやく、木質の茎や木の幹は時間がかかる。では、土のなかはどうなっているのだろう？

A

根は湿気のある土のなかで朽ちる。細い根はすぐに腐敗が進むけれど、木の根はなかなか腐敗が進まず、何年もかかることもある。木はもともと腐りにくい性質があるので、どんなに順応性のあるバクテリアや菌類の手にかかっても、完全に分解するまでにはある程度の時間がかかる。

土のなかで朽ちた根は、菌類やバクテリアや木に穴をあける虫など地中生物の食べものになるだけではない。根がなくなって空洞ができると、通気性と水はけがよくなるので、土にとっても役に立つことになる。ただし、根を枯らす菌類を助長してしまうという欠点もある。菌類は枯れた植物だけでは飽きたらず、生きている植物にも寄生する。ナラタケのようにたちまち繁殖して健康な根にまで寄生し、殺してしまう菌類もいる。そうした被害を防ぐために、林業がおこなわれている場所では、枯れた木や切り倒した木の切り株を根ごと引き抜くことが多い。切り株と根は全体の4分の1を占めるほど大きく、針葉樹の場合、1ヘクタール中にある切り株と根を合わせると150トンにもなる。倒れた木の根を"収穫"して、再生可能な燃料として利用することもある。

◀ 植物を育てていても根のことはつい見過ごしがちになるけれど、植物が枯れたときやうまく育たないときは、根を調べればたいてい原因をつきとめることができる。

奇妙な地中の世界　131

水やりをやめたらどうなる？

気候条件にもよるけれど、多くの場合、植物に水をやることは園芸の初心者が想像するほど不可欠な作業ではない。すくなくともイギリスでは、涼しくて湿度の高い北部や西部の土は十分な水を蓄えているので、もともとその土地に生えている植物は水をやらなくても生きていける。東部と南部は乾燥しているので、とくに砂地に生きている植物には水をやったほうが元気に育つ。

植物の葉が青白くなり、生長が鈍って、日中にしぼんでいたら、それは乾きを訴えるサインだと考えていい。水が極端に不足したり、水不足が長引かない限り、庭を飾っている草花は雨が降れば回復し、茶色くなりかけた芝も緑色に戻る。けれども、水不足が続くと、トマト *Solanum lycopersicum* やレタス *Lactuca sativa* などの作物は水分を失って駄目になってしまう。気温が高く、土がからからに乾いてしまう地域では、昔から熱帯に生息している乾燥に強い植物以外は、こまめに水をやらなければ深刻な状況に陥る。

まだしっかりと根をおろしていない植物が乾期を乗り切るには、水やりが欠かせない。若芽はもちろん、成熟していても植え替えたばかりの植物には、たっぷり水をやらなければいけない。

水やりの極意

せっかく庭の草花に水をやっても無駄になってしまうことが多い。その理由は、そもそもそんなに水を必要としていないか、量がまったく足りていないかのどちらかだ。ホースを使って軽く水を撒くだけでは、あまりいいやり方とは言えない。むしろ、一度にたっぷりとやって、回数を減らすほうがいい。25mmの雨と同じ量を10日から2週間おきに撒くといい。

どうして鉢植えはうまく育たないの？

室内で育てているか、屋外においてあるかにかかわらず、鉢植えに共通する最大の弱点がひとつある。その植物が生きられるかどうかは、ひとえに育てる人にかかっているという点だ。よかれと思って水をやりすぎるのもよくないし、滅多に水をやらなければ死んでしまう。食べ過ぎも飢えも、植物の要求に見合っていないからだ。それから、ほったらかしにしていたら植物が枯れてしまうのは言うまでもない。

水やりのタイミング

いつ水をやればいいのか、どのくらいやればいいのかを見極めるのは至難の業で、じっくり観察して決めるほかに道はない。水をやりすぎても、すんなり流れて土が水浸しにならなければ、致命的な問題にはならないのがせめてもの救いだ。水はけが悪いときは（水はけの良し悪しは鉢の底から水が流れ出るはやさを見れば見当がつく）危ないと思ったほうがいい。土が圧縮されて構造が崩れ、水が鉢の外へ流れ出るための通路がなくなっているおそれがある。そのせいで水はわずかに残された隙間に溜まってしまい、空気の居場所がなくなる。根は空気がなければ働くことができないので、植物が病気にかかりやすくなる。だから、水はけが悪いことに気づいたら、すぐに土を取り替えて、新しい鉢に植え替えるほうがいい。

　室内の鉢は、屋外の鉢に比べて利用できる日照量が少ないので、体内の水の循環が遅く、弱い傾向にある。

室内の鉢植えの水やり

室内の鉢植えには、タイミングをみはからって水をやることが大切だ。土が乾いている時間も必要だが、干からびさせてはいけない。空気が土の隙間に入り込んで根に届くように、すこし乾いているくらいがちょうどいい。水をやるときは、鉢の下の受け皿に水が流れ出すまで続け、受け皿に水を溜めたままにしないこと。液体の栄養剤は水やりとはべつに水にまぜて散布する。そのときも水が完全にはけるように注意しよう。あとは次に水をやるときまで、放っておけばいい。

鉢植えがうまく育たないいちばんの原因は水のやりすぎだ。地面に生えている植物とちがって、鉢植えは土から吸い上げられる水分が限られているので、いつ、どのくらい水をやればいいかを慎重に判断しなければいけない。乾燥しすぎも、水浸しにするのもよくない。

室内でも育てやすい鉢植え

室内でも簡単に育てられる植物もある。植物の世話があまり得意ではない人には、これから紹介する5つの植物がお勧めだ。どれも見た目が美しく、それほど手間がかからず、神経を使わなくてもいいものばかりだ。ただし、最小限の世話は必要で、放っておいてもいいというわけではないので勘違いしないように。

クンシラン属 *Clivia*：
ある程度日が当たり、適度に水やりをすれば、細長い帯状の青々とした葉が茂り、オレンジ、赤、黄色、白のラッパ形の花を咲かせる。

ドラセナ・マルギナータ *Dracaena marginata*：
大きくて見栄えのするドラセナは細いふさふさとした葉が特徴で、この品種は葉の先が赤みを帯びている。環境がよければ、丈は2mになる。

クンシラン属
Clivia

カシワバゴムノキ *Ficus lyrata*：
ヴァイオリンのようなかたちをした大きな葉が美しく、みるみるうちに大きくなる。

フィロデンドロン・ヘデラケウム・オクシカルディウム *Philodendron hederaceum var. oxycardium*：
こぢんまりとしていて、生長がはやく、光沢のある明るい緑の葉と蔓を持つ。

ヤネバンダイソウ *Sempervivum tectorum*：
ぴったりと渦を巻きながら増えていく葉がかわいらしい多肉植物。"子株"ができて世代交代しながら生き続けるのも嬉しい。

ドラセナ・
マルギナータ
Dracaena marginata

ヤネバンダイソウ
Sempervivum tectorum

土も病気になるの？

土の健康状態は、その土地にどれだけ植物が育っているかどうかによってわかることが多い。土が健康を害する理由はさまざまだ。同じ作物ばかりを繰り返し植えたために枯渇してしまう場合もあれば、建設工事のせいで土の構造が乱されてしまうこともある。また、洪水や浸水が長期にわたると、土にとって有益なミミズなどに代わって、あまり有益ではなく、空気がない場所でも生きていける生物が繁殖し、その影響で土の質が劣化してしまうこともある。

養の乏しい土を、健康で肥沃な土に生まれ変わらせる方法がいくつかある。簡単なものでは、有機物質を加える、掘ったりすいたりして土を"天地返し"することで空気を含ませる、下層土を砕く、などがある。必要に応じて、水はけがよくなるように改善するといい。

連作障害

同じ土地で同じ作物の栽培を繰り返していると、土が病気になることがある。とくに、リンゴ属 *Malus*、エンドウマメ *Pisum sativum*、サクラ属 *Prunus*、クローバーなどのシャジクソウ属 *Trifolium*、ジャガイモ *Solanum tuberosum* は土の病気の原因になることが多い。土が病気になる原因が生物作用であること以外はまだ解明が進んでいないが、キノコ類、ウィルス、線虫類が影響している可能性があると考えられている。

土が病気になってしまった場合の対処方法としては、べつの作物を植える、蒸して消毒する（時間はかかるが、効果が期待できる）、生物作用による燻蒸の3通りがある。3つめの生物作用による燻蒸では、硫黄化合物を多く含むアブラナ属の植物を育ててから、すいて土に混ぜ込む。すると、傷んだ葉からイソチオシアネートという天然の化学物質が放出され、環境に悪影響を及ぼすことなく土を消毒できる。

▼ 小さじ1杯の土のなかには、10億個の細菌、数万個の菌類や藻類のほか、たくさんの微生物がいる。

土は病気になることがあるが、回復させることもできる。土を再生するには、人間の病気を治療するときと同じように、状態を正しく診断し、適切な処置を施すことが大切だ。

輪作で土を守る

土を健康に保つ伝統的な方法として輪作がある。その歴史はとても古く、古代ローマ時代の文献にも登場し、中世になって確立したと言われている。輪作は、作物によって発生する害虫や病原菌の種類が異なることと、土から吸収する栄養分の量や組み合わせがちがうことを利用した方法だ。毎年同じ作物を同じ場所で育てるよりも、年によって植える場所を変え、その作物がまた同じ場所へ戻ってくるまでに十分な間隔をあけるほうがいいという考えに基づいている。現在では4年周期の輪作が一般的に採り入れられている。同じ作物がもとの場所で栽培されるのは4年に一度で、それだけ時間があけば、その作物特有の害虫問題が発生することや、特定の栄養分だけが枯渇することを防ぐことができると考えられている。

1年目：ジャガイモ
土を掘り起こすのに最適

2年目：根菜
地中深くまで根の通り道を残す

3年目：エンドウなどの豆類
根菜が残した根の通り道を利用する

4年目：キャベツ
豆類が残した土中の栄養で育つ

土に塩を撒くとトマトがしょっぱくなる？

陽光をたっぷり浴びて、水と栄養を惜しみなく与えられた植物は実をたくさんつける。農家は作物の重さや量に応じて収入を得ているので、収穫は多いに越したことはない。けれども、実がたくさんなるということは、裏をかえせばひとつひとつの実の風味が落ちるということでもある。大きくて、かたちもよく、見るからにおいしそうなトマトなのに、食べてみたらなんの味もしなかったという経験が誰にでも一度くらいはあるだろう。

水と栄養を制限するなど、株にすこしだけストレスを与えると、小ぶりながら濃厚な味の実がなる傾向がある。トマトに塩水で水やりをすると、わずかにストレスを感じて、よりおいしい実をつける。この方法はイスラエルで行われた実験によって実証されている。灌漑用水の10％を海水にしたところ、味を左右する酸化防止剤の効果が助長されて、作物の味がよくなったという。ただし、なにごともほどほどがいちばんだ。乾燥した気候の地域や温室で塩水を撒いてしまうと、土のなかに塩がたまって作物に悪影響を

食塩か塩化ナトリウムを適度に土に加えても、実際にトマトがしょっぱくなることはないけれど、作物の風味はたしかに増す。

およぼしかねない。おだやかな気候の地域では、屋外なら雨水が塩を洗い流してくれるので、塩水を撒いても差し支えないだろう。

おいしい実をつくる

家庭でもトマトが塩水でおいしくなるか試してみよう。花が咲いて、実が育ちはじめたら、塩水の出番だ。まず、水1ℓに対して100gの塩を混ぜて濃い食塩水をつくる。9ℓのじょうろいっぱいに水を汲み、食塩水を4ml加えて、1株につき2ℓずつ水をやる。1週間に一度の割合で同じように塩水を与える（それ以外の日はふつうに水やりをする）。もしトマトの葉がしおれてきたら、塩が多すぎるので、ふつうに水を撒いて土から塩を洗い流し、いちからやり直す。

奇妙な地中の世界　137

庭の土は鉢植えには使えない？

鉢植えの植物はかなり制限されて生きている。根を伸ばせる範囲が限られていて、温度の高い屋内と温室では、屋外の鉢植えよりも生長がはやくなる。だから、鉢植えにつかう土は植物の生長においつくように栄養をたっぷり与えることができなければならず、植物の体を支える役目も果たさなければいけない。鉢植えの土に求められる仕事はとても過酷なのだ。

植物はそもそも鉢のなかで快適に生きられるようにつくられていないので、鉢植えにするならきちんと世話をしないといけない。根は本来、かなりひろい範囲に張り、ほかの植物の根とせめぎ合いながら伸びるものだ。それに、根は空気と水がなければ生きていけない。ただし、水をやりすぎると、根が水浸しになって窒息するか病気になって死んでしまう。また、空気が多すぎると（つまり、鉢植えの土に穴がたくさんあいていると）、干から

庭の土には長所がたくさんあるが、鉢植え用に特別につくられた土とちがって、植物が求めるものを与えることができない。けれども、すこし手を加えれば、鉢植えにも利用できる。

びてしまうか、頻繁に水やりをしなければならない羽目になる。ようするに、鉢植えの植物に満足してもらうには、庭の土では荷が重すぎるのだ。肥沃で、手入れの行き届いた庭なら、ミミズなどの地中生物のおかげで土が活性化されるだけでなく、根が広いスペースで伸び伸び育つことができるので、植物は十分な空気と水を得られる場所を選んで育つことができる。鉢のなかではそうはいかないので、庭の土をそのまま持ってきても密度が高すぎて植物はうまく育つことができない。

庭の土を変身させる

庭の土でも手を加えれば鉢植えにつかうことができる。庭の土と腐敗のすすんだ堆肥をひとかけらずつ入れ、そこに粗い砂を加えて、ほろほろになるまで混ぜる。10ℓのバケツ1杯に対して市販の栄養剤を35g加えれば、鉢植え用の土になる。

土に植えなくても育つ植物があるの？

土が酸性になりすぎていないか。どの土に植えればいいか。植物がよく育つように土を改良するにはどうしたらいいか。お気に入りの植物がしおれているから、土の環境を変えなくては。園芸愛好家は日々そうやって頭を悩ませている。ところで、いっさい土がなくても育つ植物があることをみなさんはご存じだろうか？

ひょっとしたら、あなたの家にも土のいらない植物があるかもしれない。イギリスで室内に飾る花としていちばん人気のあるコチョウラン属 *Phalaenopsis* も実は着生植物という土のいらない植物だ。コチョウランの鉢をのぞいてみると、なかには鉢植え用の土の代わりに、ごろんとしたかたまりが入っている。コイア（ココヤシの皮）と繊維質の岩綿と樹皮のかけらでできたこのかたまりは、野生のコチョウランが寄生する樹皮の環境を再現したものだ。コチョウランの根は木の表面にくっついて生きていけるようにできているので、板にくくりつけるだけでも育つことがある。逆に、ほかの草花と同じよう

土がなくても生きていけるように進化した植物はたくさんある。寄生して宿主に害をおよぼす絶対寄生体とちがって、木にくっつく着生植物とむきだしの岩にしがみついて育つ岩生植物はいずれも木や岩に害をもたらすことはない。

コチョウラン属 *Phalaenopsis* は木の枝にはりついて生きる着生植物だが、樹皮のかけらでつくった繊維質の媒体があれば、鉢でも育つ。

岩に棲みつく食虫植物

むきだしの岩にくっついて生きる岩生植物は根から栄養を取り込むことができないので、食虫植物として進化してきた。ねばねばする葉で虫を捕まえるなど、巧みに虫をおびき寄せて食べる。たとえば、熱帯に生息する囊状葉植物のウツボカズラ属 Nepenthes は、まず液体のはいった捕虫袋に虫を誘い込んで落とし、虫が袋の内壁をよじ登れないように閉じ込めてから虫を食べる。

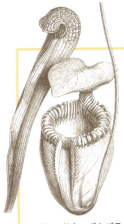

ビロードウツボカズラ
Nepenthes villosa

に土に植えてしまうと、間違いなく枯れてしまう。

　土のいらない植物には植物らしくないものも少なくない。なかでもアメリカの南部の州に生息するサルオガセモドキ *Tillandsia usneoides* は一風変わっていて、群れをなすように木からぶらさがっている。サルオガセモドキという名前がついているとおり、コケの一種であるサルオガセによく似ているけれど、コケではなく、パイナップル科アナナス属の仲間だ。着生植物と岩生植物は土から水分を吸収することができないので、熱帯雨林など湿潤な気候の地域に多く見られ、空気中の水分に頼って生きている。

　水生植物と浮遊植物も、ほかの植物のように土から得られる栄養がなくても、また、土に体を支えてもらわなくても生きていける。水の周りで育つので干からびてしまう心配がなく、栄養は水から吸収することができる。土のいらない水生生物の例としては、繁殖力がとても強いホテイアオイ *Eichhornia crassipes* のほか、イギリスが原産のアオウキクサ属 *Lemna* とストラティオテス・アロイデス *Stratiotes aloides* などがある。

ホテイアオイ
Eichhornia crassipes

Q どの土がいちばんおいしい？

土はどんな味がするのだろう？　知りたくても食べるわけにもいかないし……。実は、驚いたことに、農家のなかには自分の舌で味わって、土が肥えていて健全かどうかを確かめる人がいる。肥沃な土は甘く、耕したての土の匂いがいっそう味をひきたてるという。酸性の土はレモンジュースのようにすっぱいらしく、土の味に通じている人は酸味からpH度を推測して、どれくらい石灰を加えれば土を中和できるかわかるらしい。

土が甘いと実も甘くなる

食べなくても土の健康管理はできる。とはいえ、どうすれば甘くて、どんな作物でもたくさん育つ土になるのだろう？　1990年にカナダで持続可能な食糧供給のコンサルタントが実施した調査によれば、土と作物の組み合わせをいろいろかえて試したところ、土だけでなく栽培方法やどれだけ手をかけるかによっても作物の味がかわることがわかった。収穫を終えてから次のシーズンまでの合間に同じ土地で被覆

A
土の味を確かめる習慣はもともと東欧で伝統的におこなわれていたようだ。達人は味だけで土の状態がつぶさにわかるという。けれども、土には病原菌が潜んでいて健康を害するおそれもあるので、読者のみなさんは試したりしないように！

▼ムーリーはダイコンの一種で、生長がはやく、被覆作物に最適な品種。根を深くおろすことで土を分解し、土を肥やすと考えられていて、研究がおこなわれている。

奇妙な地中の世界　141

作物を栽培すると、翌年に穫れる作物は風味が増し、深みのある複雑な味わいになるという（被覆作物とは、土地を肥やすために育てる作物のことで、たいていはそのまま土に還すことで土に栄養を与える）。この栽培方法を取り入れると、ただおいしく感じるというだけでなく、じっさいにブリックス値が向上したことが確認されている（ブリックス値は液体の糖度を示す値。液体100g中にスクロース〈ショ糖〉1gの濃度が1度）。たとえば、被覆作物の導入前はニンジンのブリックス値が8度だったのに対して、導入後は12度まであがった。野菜の甘みがますだけでなく、長持ちするようにもなる。この成果をもとに、カナダでは現在も研究が進められている。

堆肥液で土を元気に

自家製の堆肥液にどのくらい効果があるのか科学的な裏づけはないのだが、自分で堆肥液をつくって土に栄養を与えたいと考える人は多い。腐敗が進んだ質のいい堆肥がすでにできているなら、堆肥液は簡単につくることができる。用意するのは、シャベル2杯分の堆肥と大きなバケツふたつ、それに堆肥液を濾すときにつかうモスリンのような大きな布（着古したTシャツでもいい）だけだ。

1　バケツの3分の1まで堆肥を入れる。

2　水（できれば雨水）をバケツのふちまでいっぱいに入れる。

3　毎日よくかきまぜて、4日間寝かせる。

4　ふたつめのバケツに布で濾した堆肥液を溜める。

5　堆肥液をさらに水で薄めてから使う（堆肥液1に対して水10の割合。薄く出した紅茶の色が目安）。

薄めたらすぐに植物の根の周りの土にかける。

土はつくれる？

本格的に土をつくろうと思ったらとんでもなく時間がかかる。粘土や砂利や岩や砂などの原料が風化するまでに何千年もかかり、それからゆっくりと有機物が増えていって、その有機物の力が合わさってはじめて土が完成する。けれども、そんなに時間をかけていたのでは供給が需要にまったく追いつかない。土を必要なだけもっと簡単につくる方法はないものだろうか。

一般に人工の土は粉々に砕いた鉱物に"つなぎ"の粘土を加えてつくる。粘土の粒子は小さくて平らな形をしているため、水分と栄養を効率よく蓄えておけるだけでなく、植物の求めに応じて水と栄養を放出することができるので、土づくりには欠かせない。さらに砂と粗い砂利を混ぜることで、水はけがよく、通気性に富んだ土になる。

最後の仕上げとして、自然界に存在する有機物の代わりに、安く手に入れることができて栄養豊富な生活ゴミのかたまりを加える。それから土の酸度を調節し、必要があれば栄養剤を足す。この方法なら長いあいだ待たなくても、生まれたての土を手に入れることができる。

> 人工的に土をつくることはできるものの、やはり自然の土に比べるといろんな面で質が劣ることは否めない。それでも、じゅうぶん自然の土の代用品に成りえるし、さまざまな用途でそれなりに役立てることができる。

古くて新しい土——昔ながらの土のつくり方

園芸につかう人工の土は、流れ込む水量を管理する"流水客土（りゅうすいきゃくど）"という方法でつくる。海岸沿いの低い沼地を囲い込み、氾濫した河川の泥水を流し込むと、シルト（沈泥）が堆積して、見るからに肥沃な土ができる。高額な費用がかかるけれど、上質な土ができることを考えれば高い投資ではない。

粘土

奇妙な地中の世界　143

Q
海の底にも土はある？

ほんものの土は、酸素と淡水がふんだんにあって、土を肥やしてくれる有機物がいてはじめてできる。淡水と海水とでは、水中にいる生物も、その生態もことごとく異なるし、海のなかには酸素がほとんどない。それなのに、どうして海には泥も砂もたくさんあるのだろうか。

海が土になるまでの20年

海を開拓して土地に変えるのは並大抵のことではないけれど、時間と労力を費してできる土地にはたくさんの利点がある。海が土地になるまでにはだいたい20年の歳月がかかる。

　まず開拓したい場所の周りに高い堤防を築き、海水をポンプで汲みあげて外に出す。浚渫船（水中で掘削作業をする小型の船）がようやく移動できる程度まで水位がさがったら、泥の下に排水路を掘る。

　排水路が完成したら、こんどは表面にうっすらと水が残る程度まで海水を汲みだして干拓地にする。ここまで工程が進むと、雑草が生えはじめ、雨で塩が泥から洗い流される。そのあとも、塩分濃度がさがって葦を植えられるようになるまで海水を汲みだし続ける。

　塩分濃度がさがったら、小型の飛行機で干拓地の上空から葦のタネを蒔く。葦原が育って泥と土の土壌が根でいっぱいになると、塩分濃度はさらに低くなる。だいたい3年くらい経ったら葦を焼き尽くす。すると灰が栄養になって土地がいっそう肥沃になる。

A
海では栽培に適した土はできないけれど、干拓によって作物を育てられる農地に変えることはできる。オランダのように干拓技術が高度に発達している国もある。

　さいごに土を耕して葦原の残骸を地中に混ぜ込み、石膏処理をした硫酸カルシウムを加える。この石膏肥料には塩分濃度をさげて、土の粒子を固める作用がある（この工程を凝集という）。こうしてようやく、吸水性が高く、根が育ちやすく、空気と雨水を取り込みやすい土地ができる。ここまできたら、作物によっては栽培できるようになり、15年もすれば、よく肥えた立派な農地になる。

堆肥が土になるまでには どのくらい時間がかかるの？

堆肥づくりの達人は"待つ身の辛さ"をいやというほど知っている。けれども、質のいい堆肥をつくるには、待つよりほかに仕方ない。誰もが口を揃えて堆肥に加えるとよいと太鼓判をおすもののなかには、待てど暮らせどいっこうに腐敗が進まないように思えるものさえある。いつまで待てば、あの黒くて艶があり栄養たっぷりの堆肥を野菜畑にまくことができるのだろう？

堆肥の黄金律

「なにをどれくらいの割合で入れるか」。それが、堆肥ができるまでのスピードを左右する。たとえば、緑の葉物が多いか、藁のような乾いた材料が多いかによって腐敗の進み具合はかなり変わってくる。刈り込んだ芝など、窒素をたくさん含んだ緑の葉物が多すぎると、水分でべちゃべちゃになり、空気が不足して腐敗するまでに時間がかかる。逆に、乾燥した藁状のものばかりだと、こんどは微生物の栄養になる窒素が足らず、かたい茎や幹が分解されないうちにカビがはえて、やはり腐敗が進まない。葉物3に対して藁7程度にするのがい

▼ 見るからに食欲をそぐようなゴミの山がわずか数か月で土にとって最高のご馳走になる。堆肥づくりは魔法のようなものだ。

奇妙な地中の世界

> 堆肥がどれくらいでできるかは季節によるところが大きいが、腐敗の進み具合を早めたり遅らせたりする要因はほかにもある。

ちばん効率のいい組み合わせだが、1割くらいなら前後しても腐敗のスピードはそれほど変わらない。

　温暖な地域では、ほどよい割合の材料を堆肥箱いっぱいに入れておけば、8〜10週間ほどで堆肥ができる。3週目が過ぎたあたりでいちど箱から出してかき混ぜ、もういちど箱に戻せば、わずか6週間で完成させることもできる。ただ、ふつうは堆肥箱が生ゴミでいっぱいになることはなく、堆肥箱の中身がすくなければ満杯のときに比べて発生する熱もすくないので、12週間くらいかかることが多い。気温の低い冬だともっと時間がかかり、すくなくとも4か月は待たなければならない。

　現実には、入れられるものはなんでも堆肥箱に放り込んで、そのまま1年くらいほったらかしにしておく人もいる。堆肥づくりをしていることを忘れるくらい無頓着でいれば、気を揉んだりやきもきすることなく、結果としていい堆肥ができる。

キッチンから庭を元気に

キッチンからでる生ゴミは堆肥づくりにもってこいの材料ばかりだ。とくに野菜と果物の皮は主要な成分になる。ただ、入れすぎるとよくないものや、卵の殻のように腐るまでにかなり時間がかかるものもある。

- コーヒーのカスやティーバッグ、柔らかい厚紙、新聞紙などをすこし加えるといい堆肥ができる。

- 昔は柑橘類の皮は酸が多すぎてミミズによくないと言われていたが、そんなことはまったくない。ただ、柑橘類の皮は細かく刻んでからいれないとなかなか腐らないのが難点だ。

- 病気になった草花はぜったいにいれてはいけない。焚き火で燃やして処分しよう。

肥やしにするなら、どの動物の糞がいちばんいい？

肥やしにするなら牛より馬の糞がいい？ アヒルよりニワトリの糞のほうが栄養が豊富？ どんな動物の糞でも肥やしにはなるけれど、万能で文句のつけようない肥やしをつくろうと思ったら、どの動物の糞を選べばいいのだろう？

イギリスの農場では3種類の糞からつくった肥やしが使われている。ひとつはニワトリ、アヒル、ハトなど家禽類の糞。ふたつめはウシ、ヒツジ、ウマ、ロバなどの動物のほか、リャマやアルパカといった外来種の糞。最後がブタの糞で、それぞれ長所と短所がある。

目的に応じて選ぶ

家禽類（かきん）の糞でつくった肥やしは栄養が豊富で即効性があるので、春に少量撒くといい。量が多いと葉が茂りすぎて花のつきが悪くなる。また、多すぎると、根が駄目になり、土にも害をおよぼすので、撒きすぎは禁物だ。家禽類の糞は、藁（わら）やかきあつめた落ち葉など乾燥した材料と混ぜて堆肥にするといい。

2番目のウシやウマなどの家畜の糞からつくった肥やしは、どの動物の糞でも成分に大差はなく、栄養はそれほどないけれど、有機物がたくさん含まれている。こ

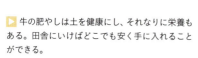

▶ 牛の肥やしは土を健康にし、それなりに栄養もある。田舎にいけばどこでも安く手に入れることができる。

奇妙な地中の世界　147

> ## もったいない？
>
> ところで、人間の便は肥やしになるのだろうか？　庭に撒くにはどの動物の肥やしがいちばんいいかという議論をしていると、人間の排泄物を使うべきだと主張する人が必ずいる。そういう人はきまって、中国では何世代にもわたって作物の畑に"下肥"（夜間に汲みあげる屎尿）を撒いていて、おかげで驚くほど土地が肥えていたという例を引き合いに出す。環境への配慮に敏感な人や小規模な農家など、"もったいない"精神を発揮して人間の排泄物を使うことを声高に訴える人も少なくないが、一般家庭で試すのはやめたほうがいい。人間の排泄物を処理して堆肥にする設備もあるけれど、衛生上の問題が残っていて、とても理想的とはいえない。肥やしの種類を増やしたいなら、リャマを飼うほうがずっといい。
>
>

ちらも堆肥にしてからつかうことをお勧めする。とくにウマの糞に含まれている敷き藁代わりの木片は、土のなかではなかなか分解せずに窒素を使い果たしてしまうので、腐敗がすすんでから使うほうがいい。ほかの動物の糞にも敷き藁が含まれているが、藁はすぐに腐るので、お望みなら堆肥にせずにそのまま撒いてもいい。できれば秋と春にたくさん撒くと、微生物のはたらきで土が豊かになる。

　最後にブタの糞でつくった肥やしについて。家禽類ほど栄養価は高くないものの、ブタは穀物や大豆を食べて育っているので、干し草やサイレージ（発酵させた飼料）を食べている草食動物の糞に比べると栄養はある。ブタの糞も、そのまま使うよりは堆肥にして、栄養素と有機物を加えたほうがバランスのいい肥料になる。

地面の上に根が出ていることが あるのはどうして？

木の根元を見ると、根がこぶのように地面の上に顔をのぞかせていることがある。そもそも木の根はたいてい地面に近い深さにあって、カバノキ属 *Betula* やサクラ属 *Prunus* のように地面すれすれに根を張る木もある。そうはいっても、根はある日とつぜんひょっこりと地上に顔を出すのではなく、何年もかけてゆっくりと出てくる。

根は何年もかけて大きく生長する。その過程で、土が縮んだり、地盤が沈下したり、地面を覆っていた土がなくなったりして地上に出てしまうことがある。

それとはべつに、地上で育つ気根を持つ変わった植物もある。熱帯雨林の川岸に生息するマングローブの一種、アメリカヒルギ *Rhizophora mangle* は、根を脚のように沼地につっぱって体を支えながら生きている。同じく沼地に自生するラクウショウ *Taxodium distichum* は水面より上の幹の周りに"膝根"と呼ばれる呼吸根が発達して、その根で呼吸をする。

絞め殺しの木

なかでもいちばんの変わり者はイチジク属のベンガルボダイジュ *Ficus benghalensis* だろう。はじめはほかの木に寄生して、かなり高い場所で生まれる。生長すると宿主の幹の周りを這うように地面に向かって気根をたくさんおろす。太くなった気根は何本もの柱に見えるようになり、やがてくっついて1本の新しい"幹"になる。そのあいだに気根はすこしずつ宿主の幹

を絞め殺す。宿主を絞め殺して後釜にすわった"幹"のように見えるのは気根のかたまりで、ほんとうの幹にあたる部分はかなり上空にあり、地面に向かって根を垂らし続ける。やがて気根が次々と地面に達し、1本の木から生まれた気根が小さな茂みをつくる。

ベンガルボダイジュはそうやって縄張りを広げて、大きな木の陰に隠れることを防ぎ、また地面から生えてくるライヴァルに負けないようにしている。だてに"絞め殺しの木"と呼ばれているわけではない。

根が地面より上に出ている理由はいくつかある。地下水面が上昇して根を地面の上に押し上げることもあれば、土がぎゅっと詰まっていて根を地中へ伸ばせないこともある。進化の過程で気根を持つようになった木もある。

奇妙な地中の世界　149

世界から土がなくなってしまうことはないの？

土は無限に再生され、尽きることのない資源だと誤解している人が多い。けれども、いま農業につかわれている土は自然の生態系が長い年月をかけてつくりあげたものだ。ひとたび農地として"飼いならされて"しまうと、野生の動植物がつくりあげた土は、耕作だけに適した単純なはたらきしかしなくなり、肥沃になるどころか質が落ちてしまう。

園芸に学べ

農業が土を疲弊させている（結果として作物の取れ高も減っていく）と非難を浴びる一方で、園芸家の庭は、同じように野菜を栽培しているのに有機物がたくさんいて、栄養豊富な良質の土だと高く評価されている。庭の土が自然に近い環境を保っていられる理由は3つある。堆肥をふんだんにつかって有機物がいなくならないようにしていること、ひとつの庭でいろいろな作物を栽培していること、そして、湿っているときに耕したり、重機で掘り起こしたりしないので、土が縮まないことだ。

　ところで、さいしょの質問への答だが、結論から言うと、土が尽きてなくなってしまうことはない。けれども、土を酷使して疲れさせてしまう農業から、もっと土に優しく、これから先もずっと続けていける農地の利用方法に変えていくことが大切だ。

土壌の荒廃や侵食は、乾燥しやすい地域やすぐに土地が傷んでしまう地域にかぎらず、世界中で大きな問題になっている。近年の研究では、イギリスの農業が盛んな地域でいまのままの栽培方法を続けたら、100年後には作物を育てられなくなると予想されている。

土を耕すと雑草は取り除けるけれど、長期間にわたって土に与えるダメージも大きいので、土の健康を取り戻す手立てが必要になる。

Blood, Fish and Bone（血と魚と骨）
—— いったいどんな肥料なの？

Blood, Fish and Bone（血と骨と魚）とは、その名のとおり天然の素材を組み合わせた市販の栄養剤で、イギリスではほとんどの園芸愛好家が使っている。手頃な価格で手に入り、ゆっくりと効果があらわれるため地球にも優しく、時間をかけて土を元気にしてくれる。ところで、この肥料には、なんの血とどんな魚となんの骨がはいっているのだろう？

ベジタリアンの人やすぐに気分が悪くなってしまう人は、ここから先は読まないほうがいい。"血と魚と骨"とは、読んで字のごとく、血と魚と骨からできた肥料で、食品を加工するときに、人間が食べる部分をぜんぶ取り除いたあとに残った蹄（ひづめ）、角、骨、血などを原料としている。

◀ 骨は砕くだけだと、土の栄養になるリンが放出されるまでに時間がかかる。骨を炭（バイオチャーと呼ぶ）に加工することで、栄養がはやく溶けだすようになる。

捨てるなんてもったいない

食品加工場では毎日、大量の魚と、ウシ、ブタ、ヒツジ、ニワトリなど膨大な数の動物が加工処理されている。まず高級食材になる部位が切り取られ、それからMRM（機械で骨から削ぎ落とした肉）と呼ばれる、まがいものに近いくず肉が取り除かれて、安いソーセージやハンバーグなどの加工食品の材料になる。そのあとに残った食べられない部分が肥料の原料として使われる。

肥料の栄養バランスは、原料となる血と魚と骨の割合によって変わる。魚肉にはだいたい窒素が10％、リンが6％、カリウムが2％程度含まれている。動物の蹄と角はおもに窒素が豊富で繊維質のたんぱく質であるケラチンからできていて、栄養素がややはやめに分解される。骨にはリンがたくさん含まれていて、肥料にするときは細かく挽いてつかう。

化学物質からつくられる非有機肥料は値段が安く、植物の生長に即効性がある。一方、"血と魚と骨"は地中の微生物によってゆっくり分解されるので、季節が移り

変わって土の温度が上がるのに合わせて、ゆっくりと栄養が土に染み込んでいく。栄養素が分解されるまでにかかる期間は土の温度によって変わるので、植物の生長具合とも足並みが揃う。土があたたかければ植物ははやく育ち、"血と魚と骨"に含まれる栄養素の分解も同じようにはやくなる。

魔法の木

どの肥料もたいてい窒素とリンとカリウムをおもな成分としている。肥料の容器にはそれぞれの元素記号であるN（窒素）、P（リン）、K（カリウム）と含有量が書かれている。

窒素は植物の生長をうながし、葉の特徴でもある青々とした緑色を生む。

リンは根が元気に育つのを助け、果実とタネをつくる手伝いをする。

カリウムは花と果実を生む手助けをするとともに、霜のダメージや菌類がもたらす病気から植物をまもる。

窒素（N）
リン（P）
カリウム（K）

土のなかにも大きな動物がたくさん住んでいる？

略奪することに長けていないかぎり、動物は自分で狩りをして生きていかなければならない（ちなみに人間は最強の略奪者だ）。はやく走ることも、高いところへ逃げることもできない動物は、危険が迫ったら隠れて身を守るしかない。そのために土に穴を掘って隠れ家をつくる動物が世界にはたくさんいる。クマは土のなかで冬を越し、オオカミやイタチは掘った穴を繁殖期の住処にする。ネズミやモグラのように襲われやすい小動物はふだんは土のなかにいて、食べものや繁殖相手を探すときだけ外に出てくる。

土のなかにいる動物といえばミミズくらいの大きさしかないと思うかもしれないけれど、実はもっとずっと大きい動物も暮らしている。一般的に体が大きいほど一頭あたりの縄張りが広くなるので、1km²あたりに生息している数は少なくなる。

体が大きい動物が土のなかに隠れようと思ったら、当然大きな穴を掘らなければいけない。地上でも地下でも体の大きい動物が占領する面積は小さい動物に比べて大きいので、そのぶん、大きな動物のほうが数は少ない。たとえばフィンランドでは、クマは1000km²あたりに1頭しかいないのに対して、小さめの獣は1m²あたり数千匹から数万匹もいる。

さらに小さい哺乳類になると、その数はもっと多い。イングランドには2400万匹以上のウサギがいて、1km²あたり185匹いる計算になる。もちろん、どこにでも同じ数のウサギがいるわけではなく、たくさんいる地域もあれば、ほとんどいない地域もある。体が小さい動物ほど均等に分布する傾向がある。イギリス全土でいちばん数が多いのはキタハタネズミで推定7500万匹、次いでノネズミの3800万匹となっ

ヒグマ
Ursus arctos

奇妙な地中の世界 153

ている。ただし、小動物の生息数はじゅうぶんな食糧を得られるかどうかによって急激に増えたり減ったりする。また、小動物自身もタカやフクロウやイタチなど食物連鎖のすぐ上にいる捕食動物にとっては欠かせない食糧になる。

アナウサギ
Oryctolagus cuniculus

どこまでもぐる？

地下の隠れ家がある場所は、それほど深くはない。重い土をどかすのは大変だし、冬眠中の動物も酸素がなければ呼吸できないので、地下の巣穴は地面の近くにあることが多い。冬になると湿気が多くなって地下水面が上昇するので、深い場所にあると水が流れ込んでしまうおそれもある。土のなかで暮らすことにいちばん適応しているのはモグラで、ミミズを食べて生きていて、巣穴から出ることは滅多にない。反対に、ハタネズミは地面のすぐ下の穴のなかに棲んでいて、ちょくちょく顔を表に出しては植物の茎や葉などを食べる。ネズミもあまり深くまでもぐることはなく、大きな危険が迫るとすぐに土を掘って巣穴に逃げ込む。

ヨーロッパモグラ
Talpa europaea

Chapter 4

天候、気候、季節の ミステリ

日が出ているあいだは
水やりをしてはいけないの？

いつ水やりをするべきかという問題については先人たちが残した教訓がたくさんあって、とくに日が出ていて温度が高いあいだは水をやってはいけないと昔から言われてきた。この言い伝えにはたして科学的な根拠はあるのだろうか？いつやろうと、水がじゅうぶん足りていれば、植物にとってはそれでいいようにも思えるのだが……。

かつては日中に水やりをすると、葉の上に残った水滴がレンズの役目をして日光を一点に集め、葉の表面が火傷してしまうおそれがあると誰もが信じていた。光物性の研究が進んだ現在では、それは真実ではないと考えられている。

絶妙なタイミング

葉の表面がなめらかなら、太陽の光で火傷をする心配はまずないといっていい。ただ、毛の生えている葉となると、わずかながらその危険がなくはない。あくまでも理論上の話になるけれども、葉に毛が生えていると水滴が滑り落ちずにとどまり、葉と水滴とのあいだにほどよい隙間があくので、水滴がレンズのように日光を一点に集めて、火傷の原因になることがありえる。

　葉が火傷するおそれがないとしても、日中は水やりを控えたほうがいいといわれる理由はほかにもある。日が出ている

あいだに水を撒くと、スプリンクラーから飛び出した水のうち18％は空気中で蒸発してしまうという。だったら、夜に水を撒くほうが経済的だと思うかもしれないけれど、それはそれでべつの問題がある。温暖な気候の地域では、湿度が高くて気温が低い夜のあいだじゅう葉が濡れたままだとバクテリアや菌類に感染しやすくなる。経験豊富な園芸の達人に訊けば、水やりに最適なタイミングは日の出の直前だという答がかえってくるだろう。そんな朝はやくにホースやじょうろで庭に水を撒くなんて無理だという人は、タイマーつきの散水弁を使うといい。

どこに撒けばいい？

水は葉の上からではなく、地面に直接かけるのがいちばん望ましい。点滴灌漑システムを使えば、地面に満遍なく、ときには地面の下から水分を与えることができるので、日が高い時間に水やりをしても無駄になる水を最小限に抑えられる。根を湿らせることで、植物の温度をさげる効果もある。

水不足のサインを見逃さない

水が足りていないと、草花はしおれ、葉が鈍い灰色になる。その時点ですでにかなり傷んでいて、生長がとまり、細菌や病気に感染しやすい状態になっている。場合によっては、タネを飛ばすなど繁殖するための大事な仕事を放棄してしまっているかもしれない。

　そうならないためには、土の状態をこまめに確認することが大切だ。とくに植木鉢の土にはよくよく気をつけていなければいけない。土は乾いていても湿っているように見えることもあれば、その逆もある。たとえば、粘土は濡れているように見えるが、粘土の粒子はとても小さく、その粒子のなかに水を閉じ込めているので、植物の根はその水分を吸収することができない。そのため、粘土は乾燥の兆候が見える前に水をやらなければいけない。逆に、砂状の土は乾いているように見えても、手ですくってみると湿っているのがわかる。砂に含まれる水分は多くはないが、根はその少ない水分を吸収することができるので、触ってみて乾いていたら水をやればいい。

しおれた葉

凍ると葉が傷む？

トマトやダリアのように打たれ弱い植物はすぐに凍え死んでしまうけれど、根が凍っても耐えられる丈夫な植物も多い。温暖な気候のイギリスでも、ときには地中20〜30cmまで凍ることがある。アメリカ中西部などの寒冷地になると、もっと奥深くまで凍って、その深さは120cmに達することもある。

春を待ちわびて

根が寒さに慣れるまでには時間がかかり、冬でも完全に休眠しないこともある。根は凍っては溶けるというサイクルを繰り返し経験することで、時間をかけてすこしずつ寒さに耐えられるようになる。そうやって厳しい冬を越えた先に春が待っている。春が訪れる時期の土は栄養満点で植物を待ち構えているので、雪が溶けるころには、根はすぐに動き出せるように準備しておかなくてはならない。

> 冬になって気温が下がりはじめると、多年草や木の地上部は休眠状態になって、凍えるような寒さにさらされてもダメージを受けることがない。ところが、どうやら地面の下ではそうもいかないらしい。

▶冬になるとコナラ属の古木は葉を落とすが、若い木はある程度葉を残したまま冬を越す。

天候、気候、季節のミステリ 159

冷えは鉢植えの大敵

鉢植えの植物は、ご想像の通り寒さにめっぽう弱い。鉢の周りの空気が冷たいときは、鉢のなかの土はもっと冷えていて、外気にさらされた植物の根の周りよりずっと温度が低くなる。空気が心底冷えているときには、根巻きごと凍ってしまうこともある。そうなるともう取り返しがつかないので、寒い時期は、気泡緩衝材や園芸用の布織布で鉢の周りを巻くか、鉢ごとウッドチップに埋めて寒さから守ってあげよう。

　常緑樹の根は春になったらすぐさま活動しはじめないといけない。冬のあいだも落ちることなく冷たい風にさらされ続けた葉はひどく乾いていて、潤いを取り戻すには根の助けがいる。根がすみやかに水分を吸収できれば、葉はまた元気になる。落葉樹よりもはやく動きだすことで、先に水分を確保できるという利点もある。というのも落葉樹は目覚めるのが遅く、葉が顔をのぞかせはじめる"芽生えのとき"がきてからようやく水を求めて動きだすからだ。

秋になると落葉する木としない木が
あるのはなぜ？

自然が論理的な思考の持ち主だったら、どの木もみんな常緑樹になるはずだ。木になったつもりで考えてみればわかると思うが、毎年、葉をぜんぶ落とすなんて労力の無駄遣いでしかない。理屈からいえば、春にいちからまた育てるよりは、葉を落とさずに一年中保っているほうがずっと効率がいいはずだ。それに、効率という意味では、できるだけ効果的に光合成をするには、葉が広く大きいに越したことはない。

生長をはばむものがなにもないところには常緑樹が育つ。それも針葉ではなく広葉をつけることが多い。恵まれた環境を最大限にいかして、一年中、生長し続けられるからだ。湿気があって、霜が降りないなど、常緑樹が生きていくのがむずかしい地域では、木は落葉樹になる傾向がある。一方、乾燥した厳しい環境では、地中海地方のように暑さで乾燥する地域でも、寒さが厳しく冬になると土が凍ることで乾燥する地域でも、木は針葉樹になることで生きのこりをはかる。針葉樹は光合成をするには効率が悪いけれど、そのぶん過酷な環境に耐え忍ぶ力に優れているからだ。常緑樹が生育するのはむずかしいかもしれないけれど、針葉樹になるほど厳しい環境ではない場所では、木は落葉樹になることで環境に適応してきた。生長できる期間が長く、葉を落としても春になったらまた新しく育てられるところなら落葉樹であれば生きていけるからだ。四季がはっきりしている地域では、小さな葉をつけて、厳しい冬のあいだは葉を落とし、春が来たら新しい葉を育てるほうが効率がいいということだ。

どんな木が生息するかを決めるのは地域差だけではない。手つかずで自然のままの森には針葉の常緑樹と落葉樹が、それぞれいいとこ取りをしながら同じ環境のなかで共生している。落葉樹が大半をしめる森のなかで、背の高い木々の隙間にちょうどいい隠れ場所を見つけて、広葉

天候、気候、季節のミステリ 161

A 葉を落とすか落とさないかは、その木が生息している地域の気候と環境による。四季がはっきりしている地域では、冬に葉を落として、春になったらまた新しい葉をつけるほうが効率がいい。ただし、気候や環境のちがいは絶対ではなく、同じ場所に常緑樹と落葉樹が共生していることもある。

春の落ち葉

コナラ属 *Quercus* の若木のように、枯れた葉をつけたまま冬を越し、春になってから落とす木がある。この性質は枯凋性(こちょうせい)と呼ばれる。葉をつけたままでいることにどんな利点があるのか、まだはっきりとはわかっていない。春になってから葉が地面に落ちて腐りはじめるので、夏のあいだの"栄養源"になるのかもしれない。木が成熟するとこの習性は失われて、ほかの落葉樹と同じように秋になると落葉するようになる。

タイサンボク
Magnolia grandiflora

常緑樹のモチノキ属 *Ilex* やキヅタ属 *Hedera*、タイサンボク *Magnolia grandiflora* などがまぎれていることもある。背の高い周りの落葉樹の葉が茂りはじめると、木陰に追いやられた木は満足に光合成ができないので、毎年葉を落として新しい葉を育てている時間の余裕がない。だから常緑樹でなければ生きていけないのだ。

湿度が高いときは水やりを控えてもいいの？

まわりにどれだけ水分があるかによって植物の活動にも影響がある。ふつうは空気のほうが乾いていて、蒸散によって葉のなかから外へ水分が放出されるのだが、植物は周りの水分に合わせて送り出す水の量を調節することができる。空気中の湿度が高いときは、葉の気孔から出ていく水分は少なくなる。

水やりをするときは、どちらかというと植物の体を湿らせるよりは根に水をかけるほうがいい。ただ、植物の葉にある気孔は水分が足りないと閉じてしまうが、周りに湿気があるときはずっとあいていて、思う存分光合成をすることができるので、水分が足りていれば生長が鈍ることはない。

残念なことに水蒸気はすぐに蒸発してしまうので、温室では床や葉に水を撒いてもじゅうぶんな湿度を保つことはできない。だから、温室では換気と温度調節をしっかり管理することで、植物にとって快適な環境を保たなければならない。温室のなかよりも屋外のほうが湿気があるので、換気システムを利用した空気の入れ替えはとくに欠かせない。熱帯植物を栽培している場合などは、換気をすると熱も逃げてしまうので、湿度計でほどよい水分量をよく確認しながら霧状に散水するといい。

> 湿度が高いときは植物が必要とする水分の量は少なくなる。温室などでは湿度をあげることで、水やりの頻度を減らすことができる。ただし、空気が湿っているとバクテリアや菌類による病気に感染する危険性が高くなる。

▼ 温室のなかは屋外に比べて乾燥しているので、換気と温度調節によって適度な湿度を保つように管理することが重要。

葉ごと挿す

周りに水分があれば、植物は光合成をする。その性質を利用して、葉のついた挿し穂から繁殖させることができる。

- 葉がついたままの茎を8〜12cmくらいの長さに切る。

- 下のほうについている葉を取り除き、茎の半分を挿し床に挿す（挿し床は砂利とコイアを混ぜたものがいちばんいい）。挿し穂には根がないので、さいしょは水やりをしても根から水を吸収できない。代わりに、周りの湿度を高くしておかないといけない。プラスチックの蓋を鉢にかぶせるか、鉢ごと透明なビニール袋に入れて、水分に囲まれた状態を保つといい。

- 挿し穂にはつねに日が当たるようにする。ただし、乾燥しないように、日差しが強すぎる場所や、温度が高すぎる場所には置かないこと。周りがほどよく湿っていて、明るければ、ちゃんと光合成ができるのですぐに根が出る。茎や葉が生長しはじめたら、きちんと"根づいた"証拠だ。そのあとはふつうに水やりをする。

生長期の植物を湿度の高い環境に置いておくことの欠点は、葉が腐るなど病気にかかりやすくなることだ。茶色い葉や水っぽい葉が出てきたらすぐに取り除こう。

ストレスを感じると葉が青やグレーになる？

緑色であるはずの葉が青やグレーに変色しているときは、植物がなにかストレスを感じている。寒さで乾燥する期間が続いたとか、栄養が足りないなど、原因はいくつか考えられる。

化学の力で身を守る

葉の表面を覆うワックスは、炭素の分子が長い鎖状につながった化学組成でできていて、水に溶けない性質を持っている。ワックスをつくるには、植物は葉に蓄えている糖分をそうとう注ぎ込まなければならない。だから、ほんとうに危険が迫ったときにだけワックスをつくる。

> 葉はもともと薄いワックスのような表皮で覆われているが、乾燥などのストレスが加わると葉を守ろうとしてワックスが厚くなる。そのせいで葉が青やグレーに変色してしまう。

ワックスには水をはじく性質があるので、葉から水分が失われるのを防ぐバリアになるだけでなく、熱と光を反射して過度の熱から葉を守るはたらきもする。水をやれば水分不足が解消されて、ワックスはすぐに薄くなる。

葉が青やグレーに変色するのは、植物がストレスから身を守るための手段のひとつだ。ほかにもストレス対策として、根を深くまでおろす、葉を小さくする、葉を丸めるなどの対抗策をとって、なるべく傷つかないようにしている。乾燥している場所では、葉は気孔を閉じてなけなしの水分を守ろうとする。

植物も栄養失調になる

葉の表面が青い膜に覆われるというより、葉そのものの一部が青く変色しているときは、栄養が足りていない可能性がある。たとえばトマトの葉は、リンが不足すると葉が青くなる。

天候、気候、季節のミステリ　165

Q 土が熱いと植物が火傷（やけど）する？

土は優れた絶縁体なので、根が火傷するほど熱くなることはまずない。おおむね望ましい生育環境で、水分が足りていれば、植物は夏のあいだもぐんぐん育つ。すると、大きくなった葉が根の周りに日陰をつくり、土が熱くなりすぎるのを防ぐ。

日陰をつくれないときは、葉を木質化させたり、毛をたくさん生やしたり、ワックスで表面を覆ったりして、日光を吸収せずに反射し、熱くなりすぎないようにする。

マルチを活用

雑草対策としてビニールシート製のマルチ（根覆い）を使う人が増えてきたけれど、どんなビニールを使うかで土の温度が変わる。白いマルチは土を冷たく保ち、透明なマルチは土を暖める。黒いビニールは土の温度をあげるだけでなく、マルチ自体がとても熱くなって、茎や葉の火傷の原因になることがある。そこまで土の温度があがってしまうと、根が（というより植物そのものが）とうてい生きていけない

A もともと暑い地域で生まれ育った植物は多くが高温に耐えられるように進化してきた。ところが、暑さは発芽にも影響する。寒すぎると芽が出ないことはよく知られているけれど、暑すぎてもタネは芽を出すことができない。

ことは言うまでもない。ただ、高温処理には土を殺菌する効果がある。記録によれば、暑い地域で透明なマルチを使ったところ、温度があがり続け、地面の真下は76度まで達したという。そこまで熱くなると地中の生物が死に絶えて、土が部分的に殺菌される。この方法はソラリゼーションと呼ばれている。

▼熱波で土の温度があがらないようにする当面の手立てとしては、樹皮などを混ぜた天然のマルチが役に立つ。干し草も暑い日差しを反射するので、マルチに適している。

木は葉を落とす時期を
どうやって知るの？

落葉性の木は、1年のうちおだやかで温暖な季節のあいだは葉をつけたまま過ごし、冬になって寒さが厳しくなると葉を落とす。理論上は常緑樹がいちばんエネルギー効率がいいのだが、"ふつうの"常緑樹の葉は冬の寒さで損傷を負いやすい。そこで、常緑樹は、厳しい気候環境がもたらすダメージと水不足に耐えられるように、針葉へと進化した。葉を落として体力を温存する落葉樹に比べると針葉樹はエネルギーの消費効率が悪い。そのため土が凍って水分を得られない状況で冬を越さなければならないのでない限り、針葉をつける利点はない。

落葉樹の欠点

落葉樹は毎年春になると新しい葉をつくるために多大な労力を費やさなければならない。裏を返せば、それは、秋に枯れた葉を落とすとき、大事な物質も葉と一緒にたくさん捨てざるをえないということでもある。だから、葉が落ちる前に、葉のなかのエネルギーをできるだけ木の本体へと取り戻そうとする。また、枯葉は木の根元に落ちて、そのままそこで朽ちていくので、春には根の栄養になる。

同じ種類の木はどれも毎年ほぼ同じタイミングで葉を落とす。日が短くなると、というより正確には夜が長くなることで

> 落葉樹は毎年ほぼ同じ時期に葉を落とす。落葉をうながす主な要因は、冬が近づいて日が短くなることだ。気温がさがることも落葉を後押しする。

落葉が促される。具体的にどのくらい夜が長くなると葉を落とすかは木の種類と生息地によって異なるけれど、一般的には昼と夜が同じ長さになると葉を落とす準備をはじめる。気温がさがることも落葉をうながす要因になる（気温が低いと木は葉緑素をつくらなくなるので葉を落とす時期の目安になる）。ただし、気温は年によってかなり変動するので、あくまでも補足的な要因でしかない。毎年一貫して変わらない昼と夜の長さが決め手であることに変わりはない。

葉が落ちるしくみ

植物はフィトクロムという色素で光と闇を"感知"する。フィトクロムには光を浴びると形成されるものと闇のなかで形成されるものの2種類がある。その割合が逆転すると、木のいろいろな機能をつかさどっている植物ホルモンに変化があらわれる。日が短くなると、植物はアブシジン酸をつくりはじめる。アブシジン酸は葉の根元にコルクのような離層と呼ばれる器官を形成して、葉に栄養と水分を送れないように遮断する。その結果、生きる糧を絶たれた葉が枝から切り離されて落ちるというしくみになっている。

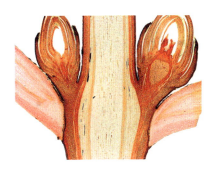

▼ セイヨウカジカエデ *Acer pseudoplatanus* の茎の節の縦の断面を光学顕微鏡で撮影した写真。茎の両端の赤く写っている部分がコルクと柔組織細胞でできた離層（コルク層）。この層の形成が秋に葉を落とすためのさいしょの一歩になる。

落葉実験

落葉樹を日の長さと温度が厳重に管理された生長室に入れて観察する実験がこれまでなんどもおこなわれてきた。その結果、気温がさがっても日が長いあいだは葉は落ちないこと、また、夜と昼の長さが同じになると葉を落としはじめることが明らかになった。現実の生育環境でも、信号機の近くにある枝は離れた場所にある枝よりも長く葉をつけたままでいるなど、光に当たる時間によって差があることを観察できる場合がある。

植物は水なしで どれくらい生き続けられる？

ご想像のとおり、植物が水なしで生きられる期間は種類によってかなりちがう。レタスの若芽は根が干からびたら1〜2日で枯れてしまうけれど、サボテンは水がなくても数週間生き続けられることはよく知られている。チリのアタカマ砂漠に生息するコピアポア竜魔玉 *Copiapoa echinoides* は、おそらく世界でいちばん乾燥に強い植物と言われていて、とんでもない暑さと酸性の土地という苛酷な環境で水を得られなくても、並はずれた強さを発揮して数年間生き続ける。

乾いた生活

サボテンなどの多肉植物をまとめて乾生植物という。乾生植物は、水を得にくい場所にも順応して、数日から数か月、さらには数年間も生き続けることができる。葉を持たない代わりに、水をはじく厚い表皮で覆われていて、棘や毛が生えているものが多い。代謝の仕方も"ふつうの"植物とはちがう。ほとんどの植物は日中に気孔から二酸化炭素を取り込んで光合成をする。ただ、気孔をずっと開けっぱなしにしておくと、どうしても水分が失われてしまう。そこで、乾生植物は暑い昼のあいだは気孔を閉じておいて、夜、涼しくなってから気孔を開く。暗いあいだは二酸化炭素をそのまま使って光合成することができないので、有機酸に化学変化させて蓄えておき、次の日に日が昇ったら二酸化炭素に戻して光合成をする。専門用語ではこれをCAM型光合成（ベンケイソウ型有機酸

コピアポア竜魔玉
Copiapoa echinoides

乾燥地で生きられるように進化してきた植物は、驚くほど長いあいだ水がなくても命をつなぐことができる。反対に、いつでも好きなだけ水を得られる場所で育った植物は、水がなければすぐに干からびて死んでしまう。

代謝)という。あまり効率のいい方法ではないので、生長は遅くなるけれど、そのおかげでほかの植物が生きていけないような場所でも耐えられる。暑い乾燥地帯に暮らす園芸家にとっても乾生植物はありがたい存在だ。気候条件が厳しすぎて植物がうまく育たないので、乾生植物がなければ庭づくりを愉しむすべがなくなってしまうからだ。

エケベリア・ラケモサ'ルリダ'
Echeveria lurida

室内植物に水やりをしないとどうなるか

もうおわかりだと思うけれど、鉢植えの室内植物は根を伸ばせるスペースが限られているので、水が足りなくなるとすぐに弱ってしまう。鉢で育てている以上、ほとんどは最低でも1日1回、ものによっては2回の水やりが欠かせない。乾燥に負けないようにするには、それがいちばん簡単な方法だ。ところが、大きな日よけの下に鉢をまとめて並べ、たっぷり水をやっておけば、休暇で2週間くらい家をあけているあいだ放っておいてもそれほど大きなダメージにはならない。一か所にまとまっていることで局部的に湿潤な環境になるのと、日よけのおかげで最低限の水分しかいらないので、すこしのあいだなら凌ぐことができるのだ。

凍っても耐えられる植物と
耐えられない植物があるのはなぜ？

予期せぬ霜がおりると、植物にとっては命取りになる。だんだん寒くなるのなら、植物は凍っても大丈夫なように備えをしておくけれど、突然だと準備が間に合わないのだ。植物は体を硬化させることで苛酷な環境に耐えようとする。気温がすこしずつさがっていくのに合わせて硬化が進み、春になるとこんどはすこしずつ元に戻る。問題なのは、冬のあいだでも穏やかな天気が続くと、硬化した植物が元に戻ってしまうことだ。そのあと急に激しい霜に見舞われると、防御するすべもなく、大きな痛手を負うか、下手をすると死んでしまう。

耐寒性の植物はふたつの方法で寒さから身を守る。ひとつが硬化、もうひとつが過冷却だ。

硬化のしくみ

硬化は、分解された糖と有機物の分子が細胞のなかで増えることによって起こる。硬化によって細胞が凍る温度が低くなり、氷の結晶ができて細胞壁に穴をあけてしまうのを防ぐ。いわば車にいれる不凍液のような働きをすることで、凍結する温度を

マイナス2度までさげられる。ただ、これだけでは凍結をわずかに食い止めることしかできない。"反凍結"物質は、いずれ凍ってしまうときに備えて、どの場所をどのくらい凍らせるかを調節する役目も担っていると考えられる。そのあとは過冷却との組み合わせで身を守ることになる。

過冷却とは

気温が5度までさがる日が何日か続くと、植物は"過冷却"をはじめる。耐寒性の草木の多くは、この方法で厳しい寒さに備える。ひとたび冷却がはじまると、細胞内の温度はマイナス40度までさがって、凍るのを防ぐ。氷はなにか核になるものがないと結晶化しないが、冷えた樹液のなかには氷の結晶の核になるような小さな分子や気泡がないので、植物は凍らずにすむというわけだ。硬化と過冷却は連続して起こるものなので、硬化の過程を経なければ、過冷却も起こらない。

　北極や高山地帯などの極寒の地では、

寒さに弱い植物は気温が12度を下回ると、細胞が反応しなくなり、機能不全におちいる。それに対して、耐寒性の植物は、名前が表しているとおり寒さに強く、気温がすこしずつさがっていくあいだに準備を進めて、凍えるような寒さのなかでも生きていける。

天候、気候、季節のミステリ　171

ヤナギ属
Salix

命をつなぐ

寒さに弱い植物は、親株が死んだあと、寒さに耐えられる遺伝子を残して品種の生き残りをはかる。たとえばトマトはタネを残して次の年にまた芽を出す。また、同じく寒さに弱いジャガイモは、地中に塊茎という貯蔵器官をつくって、時期がきたら新しい個体が育つように備える。親は死に絶えても、子孫が生き続けられるようになっているのだ。

それでもまだ十分とはいえない。寒冷地のカバノキ属 *Betula* やヤナギ属 *Salix* の木は、べつの手立てで寒さに対抗する。細胞のなかから水分をぜんぶ出して細胞壁と細胞壁のあいだに押しやることで、水が凍っても細胞が傷つかないようにしているのだ。植物の細胞は水分を失うとほとんどが死んでしまうが、この方法で寒さに耐える木の細胞は水分を失っても死なないように進化してきた。水分を失った細胞は、事実上、どれだけ気温が低くなっても生きていけると考えられている。

ジャガイモ
Solanum tuberosum

球根はどうやって芽を出すべきときを知るの？

球根から生長する植物（植物学では地中植物と呼ぶ）は、一般的に気候環境が厳しい地域で生き延びるための戦略として生まれたものが多い。凍えるような寒さからも、燃えるような暑さからも、腹っぺらしの草食動物からも逃れようと思ったら、土のなかほど安全な隠れ場所はないだろう。球根を植えたことのある人は知っていると思うけれど、春に咲く植物の球根（と塊根と塊茎）は、多少の差はあるものの、毎年ほぼ同じ時期に芽を出す。生長を管理する高度なしくみを持っているということだ。

A 球根がいつ地中から顔を出すかは、気温からある程度予測できる。多くの場合、球根は寒い時期を乗り越えて育ちはじめる。生長の詳しいメカニズムはまだ完全には解明されていないけれど、"時計"と"温度計"に相当するものを持っていることは間違いない。そのおかげで、安全な時期を見定めてから生長をはじめることができるのだろう。

スイセン属
Narcissus

春に花を咲かせる球根は、暑い夏と寒い冬のある地域で生まれた。代表的な例としては、地中海地方の標高が高い地域を原産とするスイセン属 *Narcissus*、スノードロップとも呼ばれるガランサス属 *Galanthus*、シクラメン属 *Cyclamen*、夏と冬に乾燥する半乾燥地域が原産のネギ属 *Allium*、チューリップ属 *Tulipa*、アヤメ属 *Iris* の一部などがある。ま

天候、気候、季節のミステリ 173

チューリップの球根

た、ヒヤシンスの名で親しまれているヒアシントイデス属 *Hyacinthoides* は、冬の終わりから、木の葉が茂って日陰に追いやられる前までの短いあいだに太陽光の恩恵にあずかれるように進化した。

花を咲かせるために

球根は気温の変化を合図に生長しだす。凍らない程度の寒さ（5度前後が望ましい）を経験しないと、穂状花序（茎に縦に並ぶように花をつけること）をつくることができない。気温の変化を経験することで、ジベレリンとオーキシンという生長を促すホルモンが活発になるためと考えられている。チューリップは夏の終わりごろには地中で花をつける準備をはじめるが、実際には寒い冬を超えて春になってから生長する。ユリ属 *Lilium* のように、寒い時期が過ぎてからでないと花が育たない球根もある（専門用語では春化という）。チューリップよりも開花が遅いのは、前もって花をつける準備をしていないからだろう。いずれにしても、球根が育つには、ある程度の寒さが欠かせない。

夏または冬に咲く球根

夏または冬に花を咲かせる球根の場合、温度はそれほど重要ではない。たとえば、純白で可憐な花がほかの植物よりも一足先に庭を彩ることで知られるナルキッスス'ペーパーホワイト' *Narcissus papyraceus tazetta 'Paperwhite'* などのキズイセンの仲間は、温暖な気候であれば寒い時期を経ることなく秋と冬に花を咲かせる。夏に咲くフリージア属 *Freesia* やグラジオラス属 *Gladiolus* は、時間をかけて光合成をし、じゅうぶんな栄養を蓄えるだけで花開くことができる。

フリージア・カリオフィラケア
Freesia caryophyllacea

Q "雨の陰" ってなに？

雨雲を運ぶ風の通り道にそびえる丘や山に阻まれて雨が降らない一帯を雨の陰という。熱帯で、なおかつ雨雲が高い山にせきとめられる風下側の土地には、高温と乾燥という最強の組み合わせによって砂漠ができる。アメリカ・カリフォルニア州にあるシエラネヴァダ山脈のふもとに広がるデスヴァレーは、過酷な気候条件が生んだ雨の陰の最たる例で、年間降水量はわずか6cmしかない。

A

雨の陰とは、雨雲が丘や山に阻まれて雨が降らない場所のことをいう。気候条件によっては、雨の陰が思わぬ恵みをもたらすことがある。湿気の多い土地なら、雨の陰でできる乾燥した暖かい環境は園芸家にとってありがたいものになるだろう。

イギリスには、もっと園芸家好みの雨の陰がある。ブリテン島の西端に位置するウェールズはとても湿った気候で、ツバキ、アジサイ、モクレン、シャクナゲなどの美しい花々が愉しめる一方で、一年をとおして湿度が高いので、ほかの植物にとっては育ちやすい環境とはいえない。ウェールズ北部のスノードニア地方では年間の平均降水量がおよそ4.5mもあり、そんな環境で快適に暮らせるのはアヒルくらいだろう。ウェールズの丘陵地帯からくだってイングランド中西部のイーヴシャムの谷までくると、温暖な乾燥地帯になる。この地では、シードルなど果実と野菜の食品産業が盛んにおこなわれている。

雨の陰について学んだところで教訓をひとつ。園芸が好きで、どこかいい移住先はないかと探しているなら、庭がどの方角を向いているかだけではなく、局地的な気候条件も考えて決めることをお勧めする。

◀ サザンカ *Camellia sasanqua* は湿潤な地域によくみられるが、雨の陰ではあまり育たない。

天候、気候、季節のミステリ 175

木は1日にどれくらいの水が必要なの?

ほかの植物と同じように、木が体を維持するために必要な水分はそれほど多くない。むしろ、木が根から吸いあげた水の大半は蒸散に使われている。蒸散とは葉の気孔から水蒸気が外へ出ていくことで、光合成をするうえで重要な役割を果たしている。1日にどのくらいの水分があればいいかを決めるにはいくつかの要因がある。

植物がどれくらいの水分を必要とするかは場所と気候によってある程度予測できる。温暖で、乾燥していて、空気の流れがはやい場所に生えている木ほど多くの水が必要になる。森の木や、都市部の建物の近くに生えている木は、いつも風にさらされてぽつんと立っている野生の木に比べてすくない水で生きていける。

豪快な飲みっぷり

どのくらい水を欲しているかは木によってそれぞれちがうので、一般化するのはむずかしい。おおざっぱに言って、大木は1日に450ℓ以上の水を吸いあげ、そのほとんどが蒸散によって葉の気孔から蒸発する。これだけの量が必要になると、頻繁に大雨が降る地域でも、いつも土のなかにじゅうぶんな水を蓄えておくことは難しく、木が求める量をまかなえない場合があるかもしれない。森林では、地面よりずっと高い位置にある青々とした林冠に遮られて、雨は地面に届くまえにほとんど蒸発してしまう。満足に水を得られないときは、木は気孔を閉じ、蒸散によって失われる水の量を減らすことで水分不足にならないように身を守る。

木のほうがたくさん飲む?

芝生よりも1本の木のほうがたくさん水がいると思っている人が多いかもしれないけれど、土が湿っていれば、蒸散に使われる水の量はどの植物も同じだ。

どうして野菜は霜に当たると おいしくなるの？

ひと昔前なら、野菜づくりの名人は、霜が何度もたくさん降りてから冬が旬の根菜を収穫していた。霜に当たる前に収穫すると、パースニップ（ニンジンに似た根菜）などはでんぷんが多く、嚙みごたえがありすぎると知っていたからだ。ところが、霜に当たると、野菜は甘みが増して歯ごたえもよくなる。ただ、どうしてそうなるのかを知っている人ばかりではなかったようだ。

糖の科学

野菜になったつもりで考えてみれば、糖は細胞内の水が凍るのを防いでくれるので、寒い時期にでんぷんを糖に変えるのはとても理にかなったことだといえる。糖の分子が冷たくなった水と混ざると、水の分子が膨張して凍るのを防ぐので、結果として野菜の氷点がさがる。つまり、たとえばパースニップが霜に当たったとして、パースニップのなかの水分は凍えるほど冷たくはなるけれど、完全に氷にはならないということだ。

野菜は冬のあいだに必要な栄養分をでんぷんにして蓄えていることが多い。寒くなるとでんぷんが分解されて糖になるので、甘みが増して作物がおいしくなる。

甘みが増す現象は根菜にも青野菜にも見られるが、専門的には甘くなる理由は同じとは限らない。たとえばヤセイカンラン *Brassica oleracea*（キャベツの原種といわれる野草）の甘みが強くなるのは、でんぷんが糖に変わるからというより、寒さのせいで苦味成分を持つ分子が少なくなるからだ。

冬野菜だからといって必ずしも霜に強いわけではない。ビーツやニンジンやカブのように、気温が低いときは藁でおおって保護してあげなければ寒さに耐えられない野菜も多い。

ジャガイモは凍結厳禁！

寒さに強い野菜とちがって、ジャガイモ *Solanum tuberosum* は霜に当たっても甘くはならない。むしろ、実が茶色く変色して、調理するとカラメルのような味になりおいしくない。気温が低いときはジャガイモを寒さから守ろう。

冬においしくなる野菜

ここで紹介する野菜はどれもおいしいだけでなく、健康にいい成分を含んでいる。

キャベツ：キャベツの仲間は気温が低くても傷まないものが多く、寒い環境ではかえって風味が豊かになる。健康にいい成分としては、ビタミンA、B、Cのほか、抗炎症効果のある微量栄養素のポリフェノールをたくさん含んでいる。

コラードとからし菜：コラードはケールの一種。どちらも育てやすい冬野菜で、ビタミンA、ビタミンK1、抗酸化物質が豊富。

ケール：増え続ける一方の"スーパーフード"のなかでも、ひときわその称号にふさわしい野菜で、ビタミンK1、A、C、抗酸化物質に加えて、人間の体内でタンパク質になる必須アミノ酸9種類をすべて含んでいる。

コラード

からし菜

コールラビ

コールラビ：カブのようにふくらんだ茎をサラダなどにして食べる野菜。気温が低く寒い地域でも生長がはやく、すぐに収穫できる。抗菌作用と抗寄生虫作用のある天然成分のグルコシノレートがたくさん含まれている。

パースニップ：調理が簡単で、茹でても焼いてもナッツのような甘い風味がある。カリウムと食物繊維とビタミンCがとくに豊富。

植物は砂漠でどのくらい生きられる？

わたしたちはつい暑さの厳しい不毛の地をひとくくりに"砂漠"と呼んでしまいがちだけれど、実は砂漠にもいろいろある。砂と岩だらけで10年に一度しか雨が降らない荒野もあれば、やや肥沃で、まれではあるものの定期的に雨が降り、それほど暑くない場所もあって、一口に砂漠といっても多種多様だ。植物は環境への順応性が高い生物なので、ほとんどの砂漠には、そこで生きていけるように環境に合わせて進化した植物がみられる。

5つの砂漠
砂漠がどれだけ多様かを知ってもらうために5つの砂漠を紹介しよう。

チリ・アタカマ砂漠
ひときわ乾燥していて不毛な砂漠。年間平均降水量はわずか1mmで、一滴も雨が降らない年も多い。植物にとってもきわめて苛酷な環境で、ほんのすこしだけ涼しくて湿気のある砂丘に数種類のサボテンがどうにか生息している。

南アフリカ・カルー砂漠
標高1000mの高地にあり、それほど暑さは厳しくなく、降水量も年間20cmほどある。植物は春のあいだに急いで生長してタネを残す。タネは夏から冬にかけては休眠していて、春がくると同じように急いで育つ。

アフリカ大陸南部・ナミブ砂漠
アフリカ大陸西岸に広がる砂漠で、年間の降水量はわずか10cmほどしかない。この砂漠に自生する植物は、ときどき発

> ほとんどの砂漠にはなんらかのかたちで植物が生息しているけれど、なかにはきわめて順応性の高い植物をもってしても過酷すぎて生きていけない場所もある。砂漠で生きる植物は、とんでもなく暑くて乾燥した環境のなかで生きていけるように、それぞれ独自に手を尽くして進化してきた。

◀ チリのアタカマ砂漠に生息するカランドリニアの一種、キスタンテ・グランディフローラ *Cistanthe grandiflora*。

天候、気候、季節のミステリ 179

▲ ナミブ砂漠に生息するウェルウィッチア *Welwitschia mirabilis* は低木のような変わった姿をしている。2枚の帯状の長い葉がどんどん伸びて数メートルにもなる。

生する濃い霧と雨季の水流に頼って生きている。

北アメリカ大陸・ソノラ砂漠

砂漠にしてはやや湿潤な気候で、雨季が夏と冬の2回あり、年間降水量は8〜40cmになる。ほかの砂漠に比べて多様な生態系が見られ、大きく育つ生物も多い。とくに眼を引くのは、チャパラル *Larrea tridentata* という樹脂を多く含んだ香りの強い低木と、ベンケイチュウ *Carnegiea gigantea* というサボテンだ。ベンケイチュウは根を浅く張って、わずかな雨がもたらす水分を惜しみなく利用している。

インドとパキスタン・タール砂漠

ふだんは多くの植物が生息している砂漠で、夏の終わりごろに吹くモンスーンがもたらす雨のおかげで、年間降水量は10〜50cmになる。ケジュリ *Prosopis cineraria* という木がとくによく見られる。ケジュリは根をかなり深くまでおろして、地下深くに流れる海水を探りあてて吸いあげるため、海水にも耐性がある変わった植物だ。

砂漠で生きるための5箇条

植物が砂漠で生きるために用いる戦略をいくつか紹介しておく。

- 大量の水分を一気に吸収できる能力。

- 水分を体内に蓄えておくためにワックスのような外皮で体を覆う。

- 植物と同じように水に飢えた動物に食べられないようにするための防御策。サボテンの棘など。

- 夜だけ気孔を開くなど、水分を維持したまま光合成できるしくみ。

- 環境が厳しい時期は休眠し、育ちやすい時期に一気に生長する能力。

草は雪の下でどうやって生きているの？

寒さが厳しい地域では、芝が茶色く変色することが多い。気温が低いせいで枯れてしまうか、風にあおられて水分を失い干からびてしまうのだ。おまけに土が寒さで凍るので、根から新しい水分を取りこむこともできない。茶色くなった芝生を見てがっかりする人がいるかもしれないが、諦めるのはまだ早い。芝の葉は根元から活発に生長するので、好機に恵まれればすぐに復活する。

雪は寒さに強い草にとっては恰好の隠れ蓑になる。雪がそれほど深くなければ、日光が草まで届いて光合成もできる。かなり深い雪に埋もれていても、温度変化が穏やかで、急な寒波や雪解けにおそわれることがないので、生きのびられる。

雪に埋もれる利点

雪が断熱材の役目を果たして、急激な温度変化から草を守る。雪が溶けたと思ったら、すぐにまた寒波におそわれたりして気温が乱高下すると、植物にとって大きな痛手になるけれど、雪に埋もれていれば温度変化の衝撃から守ってもらえる。

積もったばかりでまだ固まっていない雪は空気をたくさん含んでいるので、草は雪に埋もれてはいても、水浸しになったときのように溺れて窒息することはない。ただ、気温が低いと植物は育たないので、雪の下で草が生長することはない。生長がうながされるのは、暖かくなって気温が4度を超えてからだ。

草はどうして寒さに耐えられるのだろう？　ほかの耐寒性植物と同じように、寒さに強い草は糖が細胞のなかで凍結防止剤のはたらきをしている。糖は冷たくなった水と混ざることで氷の結晶ができるのを防ぐ。水は凍ると膨らんで、細胞をなかから破裂させてしまうので、草にとって糖は命の恩人ともいえる存在だ。

雪に埋もれる欠点

雪は草を守るけれど、かならずしも草にとっていい働きをするわけではない。雪の層の下で二酸化炭素の割合が増えて、菌類が活発になり、草が病気にかかりやすくなることも考えられる。また、溶けかけた雪がとどまることで、草の耐寒性が弱くなる。酪農家はその点をよく心得ているので、牧草地などはゆるやかな斜面につくられることが多い。傾斜があれば余分な水が流れて牧草に害がおよばないからだ。

また、草が雪腐れ病を発症することもある。雪が溶けてなくなると、一部の草が枯れるか黄色くなっていって、ほかの草にも感染する。感染は、気温があがって空気が乾き、草がまた元気に育つことのできる時期がくるまで続く。雪腐れ病の原因は、雪腐褐色小粒菌核病菌 *Typhula incarnata* や紅色雪腐病菌 *Monographella nivalis* などの菌類で、草が弱っているところにつけ込んで被害をおよぼす。

休眠中のタネ蒔き

寒冷地で芝生を育てている人は、秋が終わりかけて初雪が降る直前に芝生を"生き返らせ"たり、はげてしまった部分を植え替えたりすることがある。この時期に"休眠中の"タネを蒔くことで、タネは雪解けと同時に湿った土と暖かい気候を利用して、鳥についばまれる前に芽を出すことができる。

どうして秋になると紅葉するの？

日が落ちる時間がはやくなり、気温がだんだん低くなると、いよいよ冬の訪れが間近に迫ってきたことがわかる。この時期になると、植物は冬を乗り越えるために体力を温存する準備をはじめる。葉緑素などの葉に蓄えられていた栄養は、植物の体内で寒さから守られて冬を越すために、幹や根に送り返される。逆に、外界から取り込んだ物質のうち、植物にとって必要のないケイ素や微量の金属などは葉へと送られて、葉が落ちるのと同時に捨てられるしくみになっている。

紅葉の色のつくり方

葉に蓄積していた葉緑素が冬を越すために幹と根へ送り返されると、ほかの色素のはたらきで葉が秋らしい豊かな色合いに変わる。カロテンとキサントフィルは葉を黄色くする。アントシアニンと葉に残っているなんらかの糖分が結びつくと、葉は赤や紫になる。空気が暖かく、日当たりがいい地域では、葉に残っていた葉緑素とアントシアニンが結びついてきれいな色合いを生む。気温が低く、曇りの多いヨーロッパの大西洋岸地域よりも、インディアン

◀ カエデ *Acer* の紅葉はとくに美しいことで有名。

天候、気候、季節のミステリ　183

サマーと呼ばれる小春日和の日が多いアメリカのニューイングランド地方の紅葉のほうが鮮やかな色味を帯びているのはそのためだ。

葉は葉緑素を多く含んでいるため緑色をしている。冬になると、体力を温存する手段のひとつとして、葉緑素やほかの栄養を葉から幹へ送り返すので、葉の色が変わる。

イモムシの擬態

イモムシにとって秋は受難の季節だ。イモムシの多くは、夏のあいだは擬態によって巧みに宿主の木の葉にまぎれている。擬態を使い分けて複数の宿主にまぎれるイモムシもいる。オオシモフリエダシャクの北アメリカ亜種 *Biston betularia cognataria* は、擬態によって実に13種類もの宿主に寄生することができる。オオシモフリエダシャクには、さらに驚くべき能力がある。食べるものによって擬態の色を変えることができるイモムシもいるが、オオシモフリエダシャクは宿主の葉を見るだけで、その色になりきれるのだ。

ところが、秋になると事態は一変する。どういうわけか、イモムシには秋になって色づいた葉の色を真似することができないのだ。擬態ができないので、イモムシの姿は目立ってしまい、昆虫や鳥など捕食性動物の恰好の餌食になる。そこで、第2の防衛策として自分の味を変え、派手な色で食べると不味いことをアピールしたり、捕食性動物があまり活動していない夜間にだけ表に出て食事したりするイモムシもいる。もっとも、賢いイモムシなら秋になったらさっさと繭を紡ぎはじめるものだ。

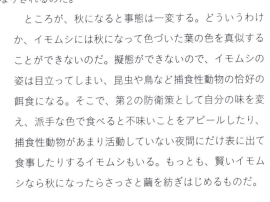

カバノキ属 *Betula*（左）とヤナギ属 *Salix*（右）の葉に擬態しているオオシモフリエダシャク *Biston betularia* の幼虫

冬に花が咲かないのはなぜ？

好きな花はなにかと訊かれたとき、春か夏に咲く花を思い浮かべる人がほとんどだろう。でも、もうちょっとじっくり考えてみてほしい。クリスマスローズなどのヘレボルス属 *Helleborus*、スノードロップなどのガランサス属 *Galanthus* にスイカズラ属 *Lonicera* ……。こうして挙げてみると、冬に咲く花だってけっこうある。冬の花はほかになにもない庭でひときわ存在感を示している。

夏咲きの花と冬咲きの花 どっちがいい？

ある種の植物にとっては、冬に花を咲かせるほうがはるかに都合がいい。冬は風が吹く機会が多いので、花粉を風に乗せて飛散させる植物なら、なおさら冬咲きのほうがいい。また、冬は落葉する木も多いので、花粉が茂った葉に邪魔されることなく雌花まで届くという利点がある。

また、虫に花粉を運んでもらう植物の場合、夏に咲く花は、ほかの花に負けないように相当な労力をつぎこんで香りや色で差別化を図らなければならないけれど、

> 花は春から夏にかけて咲くものと思われがちだけれど、冬に咲く花もたくさんある。植物が冬をえらんで花を咲かせるのには、いくつかの理由がある。

冬に花を咲かせればほかの花と競わずにすむ。それに、夏の花は確実に花粉を運んでもらうためにも、特定の虫に狙いを定めて誘惑しなければいけないこともあるが、冬なら、ハチでも甲虫でもハエでも、通りすがりの虫のどれかが花粉を運んでくれればそれでいい。冬に花を咲かせると、まだうす寒くてどんよりとした春先にタネを成熟させなければならないけれど、それが芽を出すときに有利にはたらくこともある。春咲きや夏咲きの花がまだタネを落とす前に、育ちやすい場所をいちはやく確保できるからだ。

秋から春のはじめにかけて咲くガランサス属 *Galanthus*。種類によって花の咲く時期がきまっている。

木は暗闇のなかでどれくらい生きられる？

人間は食べものを食べることで外から栄養を摂取できるけれど、木は光合成をして自分で栄養をつくらなければいけない。そして光合成をするには、光と水が欠かせない。暗闇のなかでは光合成をすることはできないが、だからといって呼吸をやめると生きていけない。当然どんどん栄養が減っていくので、木はやがて死んでしまう。ただ、死に至るまでの過程はとてもゆっくり進む。

空腹か喉の渇きか？

動物は空腹が原因で死ぬよりもさきに、喉の乾きが死を招くことはよく知られている。実は植物にもまったく同じことがあてはまる。生きていくのにさしあたって必要なのは水分であり、食べものはもっと長い目でみたときに必要になる。もし落葉樹を暗闇のなかに放置したら（あくまでも仮定の話で、実際にそういう実験がおこなわれた記録はない）、木は残っている栄養を根に取り込んですぐに葉を落とし、冬と同じ半休眠のような状態になる。木の上部はほとんどがかたい木質で、それ自体は生きておらず、周りを囲む樹皮だけが生きている。樹皮は水と栄養を運ぶ細胞からできていて、暗闇のなかではほとんど栄養を必要としない。

　地上に出ている部分が休眠しているので、木は根に頼って生き残りを図る。周りが暗いだけでなく、寒かったとしたら、根の活動が鈍くなって、そのぶん木に残された時間は長くなる。大木はそれなりに栄養を蓄えているので、光合成が全くできない状況でも数年間は生きていられる。それでも、あらたに栄養をつくりだすことはできないので、すこしずつ飢えていって、やがて死に至る。

暗闇のなかでは木は栄養をつくることができないので、いずれ餓死してしまう。残された時間がどれくらいあるかは、糖をどれだけ蓄えているか、また、水分をどれだけ得られるかによる。

光合成のしくみ

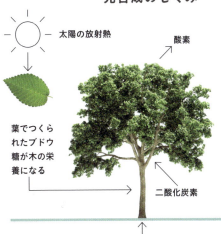

Q 池が凍ったらカエルはどうなるの？

イギリスには野生のカエルが生息していて、気候環境にもよく順応している。虫や庭の草花に悪さをする病原菌を食べてくれるので、園芸家にとってはありがたい存在だけれど、カエル自身も鳥やヘビのエサになる。田舎でも自然の池がどんどん減ってきているので、庭につくられた人工の池はカエルにとって貴重な住処になっている。ところでカエルはどうやって冬をしのいでいるのだろう？

冬場の暮らし

イギリスでいちばん身近なヨーロッパアカガエル Rana temporaria は、冬のあいだ代謝をゆっくりにすることで、エネルギーの消費を抑える。それでもある程度は酸素がなければ生きていけないし、寒さがそれほど厳しくないときは池のなかを泳ぎまわる体力もいる。カエルが冬を越せるかどうかは池の深さにかかわっている。池の水深が45cm以上あれば、水面が凍っても池の底の泥までは氷が届かないので、カエルの生活がおびやかされることはない。もし小さくて浅い池が完全に凍って、水中で酸素が分解されなくなったら、水底で暮らすカエルが窒息してしまうこともありえるけれど、深くて大きな池であればその心配はほとんどない。庭に池

A カエルが地上で冬を越すときは、積まれた木材のあいだや、岩の隙間、枯葉の山のなかなどで冬眠して過ごす。水中で過ごす場合は、まだ酸素が残っている池の底の泥のあたりで暮らす。

▶ イギリスとヨーロッパに広く生息しているヨーロッパアカガエル Rana temporaria。冬になると代謝を遅らせてエネルギーを温存する。

187　天候、気候、季節のミステリー

池の外では

カナダアカガエル
Rana sylvatica

もっと苛酷な環境に生息しているカエルは、冬を越すためにいろいろと手を尽くさなければならない。毎年厳しい冬を経験するアメリカの一部の地域では、カナダアカガエル Rana sylvatica のように、目立たない場所で自分自身が凍って冬を越すカエルもいる。そして春になると、なにごともなかったかのように溶けてまた活動しはじめる。動物の細胞には水分がたくさん含まれていて、水が凍ると膨らんで細胞をなかから破裂させてしまうので、凍っても生きていける動物はほとんどいない。ところが、カナダアカガエルは凍っても大丈夫なように進化した。細胞壁に弾力があって、水が凍って膨らんでも耐えられる余裕があることに加えて、体内の奥深くにある主要な器官の細胞はブドウ糖をたくさん含んでいるので、まったく凍らないのだ。カナダアカガエルは真冬に見ると完全に凍っていて、呼吸もしていないし、心臓の鼓動も感じられないけれど、春になると溶けて奇跡のように生き返る。

があって、長い冬のあいだにカエルがどうなってしまうのか心配な人は、週に１〜２回、鍋で沸かしたお湯で池の表面に張った氷を溶かして、穴をあけてやるといい。そうすれば水中で酸素が分解される余裕が生まれるので、この時期のカエルはそれでじゅうぶん生きていける。

▼カナダとアメリカに生息するヒョウガエル Lithobates pipiens は、池や川の底で冬眠して厳しい冬を乗り越える。

Chapter 5

庭のふしぎ

納屋からクモを遠ざけるには

あなたが全人口の4%しかいないクモ恐怖症のひとりでないなら、うまく折り合いをつけながらクモと共存するのがいちばん賢いやりかたかもしれない。クモは食物連鎖のなかで大切な役割を果たしているすばらしい捕食動物で、害虫を軒並み退治してくれるだけでなく、鳥と野生動物の食糧にもなる。

たとえ怖くないとしても、秋になって繁殖期を迎えたクモは厄介な存在かもしれない。気温がさがるとクモは暖を求めて屋内に入ってくる。断熱性の高い家のなかではなく、隙間の多い納屋のほうが忍び込みやすいので、納屋がクモだらけになってしまう。シリコン樹脂のしっくいを手に、納屋のなかで右往左往したくないなら、伝統的な防虫剤を試してみるといい。

クモはセイヨウトチノキとクルミノキの匂いが苦手だと昔から言われている。だから、どちらか、または両方の実を入れたボウルを置いておけば逃げ出すかもしれない。また、現実味はうすいけれど、クモは青い色には近づかないという言い伝えもあるので、納屋をスカイブルーに塗り替えてもいいかもしれない。もうすこし現実的なものでは、シトロネラやペパーミントの精油の強い香りにはクモを追い払う効果があるという。どれも明確な科学的根拠はないけれど、試してみる価値はあるだろう。

最後の手段は、イギリスにいるクモは人間には無害だと自分に言い聞かせることだ。ただしオーストラリアでは毒グモに噛まれて深刻な症状におちいったという話は珍しくないので、オーストラリアでこの本を読んでいる読者には、なんとかしてクモを納屋から追い払うことをお勧めする。

タランチュラコモリグモ
Lycosa tarantula

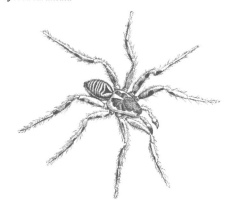

どうしてもクモと一緒にいるのは嫌だという人は、シリコン樹脂のしっくいで建物の隙間を密封してクモを締め出すほかない。でも、動物界で大切な役割を担っているクモから冬の隠れ家を奪うのはあまりに非情ではないだろうか。

花壇とボーダー花壇のちがいは？

庭で植物を育てているというと花壇を思い浮かべる人が大半だろう。バビロンの空中庭園（古代バビロンで建設されたとされる庭園）でも、植物が種類ごとに分類されてきれいに並べられていたと考えられていて、古代ローマ時代に瀟洒な邸宅で主人が庭園自慢をしていた頃には、すでに花壇が庭づくりの重要な要素になっていたようだ。いまでも花壇は庭の主役で、時代の流行に左右されないことが証明されている。

現代ではいろいろなかたちの花壇が自由につくられているけれど、17〜18世紀の花壇は、おおむね左右対称の幾何学模様になるように花壇と通路を配置したパルテール庭園を構成する要素として、かたちも大きさも入念に考えて決められていた。20世紀に入るとその形式が失われていって、芝生や道の真ん中にぽつんとたたずむ島のような花壇がつくられるようになった。伝統的なボーダー花壇は壁や生垣を縁どるようにつくられた長い花壇で、背丈のちがう一年草や多年草を並べて色とりどりの花を愉しめるように奥行きがあるものが理想的とされていた。世界最長のボーダー花壇はスコットランドのディレントン城の花壇で、その長さはなんと215mもある。

花壇とは単純に植物を栽培している土地の一角のことをいう。一方、ボーダー花壇は、ボーダー（縁どり）という名前があらわしているとおり、壁や小径や柵などに沿ってつくられた細長い花壇のことをいう。

草原風の庭

花壇そのものがすたれることはなさそうだが、どんな植物をどう植えるかは時代によって変わる。最近では、自生できる植物をまとめて植え、草刈りや、栄養剤を与えることや、支柱と仕切りをつくることに時間と労力をかけない庭が増えている。現在では花が咲きみだれる自然の草原を真似た庭がとても人気がある。春には大がかりな草刈りをする以外、ほとんど手入れをしなくていいのも人気の理由だ。

ガーデンノームの生みの親は？

好きか嫌いかはさておき、この俗っぽい小人の起源はかなり古い。人の眼を釘付けにする、風変わりでけばけばしい姿をしたこの人形を好んで飾る伝統は古代ローマ時代まで遡る。小人の人形を飾る風習は、17世紀にはドイツへ渡り、18世紀から19世紀にかけて、ガーデンノームとして現在のような姿で知られるようになった。

ドイツの黒い森からイギリスの郊外へ
ドイツでは、ノームはシュヴァルツヴァルト（ドイツ南西部の森林地帯、黒い森）の伝承にたびたび登場する。つるはしとスコップを手にした鉱夫の姿をしていることが多いのはこの森に鉱山があったからだろう。19世紀にシュヴァルツヴァルトへの観光が盛んになると、旅行客がノーム人形を土産物として持ち帰るようになり、庭園に飾るために収集する人たちが現れた。この時期に制作されたノーム人形は愛好家なら喉から手が出るほど欲しい骨董品として破格の値段がつくこともあるが、第一次世界大戦が終わり、反ドイツの風潮が高まるにつれ、ドイツから輸入する習慣はすたれた。

　ノームを飾る習慣は次第に庶民にまで広がり、イギリスのつつましい庭の定番の装飾品になった。そして、専門の工房ができ、風雨にさらされても壊れないセメント製の人形がつくられるようになった。最盛期の1950年代から1960年代には、独創性にあふれた絵画のように庭園に並べて飾る習慣が流行した。一部の上流気取りの人々は悪趣味だと非難したけれど、みんな一切おかまいなしでノーム人形を飾っていた。熱心なコレクターは現在もいる。デヴォンにあるノー

庭のふしぎ　193

> A 現在の姿によく似たガーデンノームがさいしょにつくられたのはドイツで、当時は驚くほど高級な装飾品だったようだ。丁寧に型取りしたテラコッタに彩色をほどこしたもののほか、磁器でつくられたものもあった。大きさも現在よりやや大きく、1mほどあった。

ム・リザーヴ（庭園内を散策できる観光施設）には2012年の時点で2042点が展示されている。それにはわずかに及ばないものの、リンカーンシャーの収集家は、2015年に亡くなったときに1800体の"小人"を所有していた。ガーデンノームが"本来の"目的で使われることは減りつつあるものの、いまでも皮肉のきいた装飾品として多くの庭を彩っている。

▲ いまでは、ガーデンノームを誘拐し、身代金を要求する冗談のような犯罪がある。

先祖は貴族

陽気で、小ぶりで、値段も手ごろな現在のイギリスのノームは、1840年代にサー・チャールズ・アイシャムがドイツから輸入したテラコッタ製人形の直接の子孫だと言われている。彼のコレクションはノーサンプトンシャーにある邸宅、ランポートホールで、ノーム人形のためにわざわざつくった岩石庭園に飾られていた（庭園は現在も観光客に開放されているが、現存しているのはランピーと呼ばれる1体のみ）。貴族の末裔だからといって歓迎されるとはかぎらず、王立園芸協会のチェルシー・フラワーショーでは100年間ずっとノームの展示を禁止していた。禁止令は2013年に一時的に撤廃されたが、翌年すぐに復活した。

ナメクジは好き嫌いがある？

ナメクジのご馳走になる植物と見向きもされない植物があるのはなぜだろう？ 好き嫌いの基準がなにかあるのか、それとも天気や時期によって好みが変わるのか……。庭づくりをしていてなにより気になるのは、ナメクジに絶対に食べられない植物はあるのかということだ。

> ナメクジは庭の草花を手当たり次第に食いあらす。とくに、まだ皮のようにかたくなっていなくて、身を守るための化学物質がつくられていない、若くてみずみずしくて柔らかくて栄養がたっぷりの葉を好んで食べる。

ナメクジとの攻防戦

大事に育てている苗がナメクジの大好物でもあるというのはよくある話だ。ナメクジに食べられないように独自の対抗手段を持っている植物もあるが、人の手であのぬるぬるした略奪者を植物から遠ざける方法もある。多くの植物はナメクジが不味いと感じる化学物質を体内につくることで食べられまいとする。ただ、その化学生態学による手段は苗の段階を卒業してもっと生長してからでないと使えない。ジャガイモを例にとってみてみよう。ジャガイモには、皮のなかにアルカロイドという毒性の強い化学物質をほかの品種よりもたくさん持っている品種がある（ただし、どの品種も多少はアルカロイドを持っている）。この品種は毒性の低いほかの品種に比べてナメクジの餌食になることがすくない。また、ナメクジはどうやら毛が生えている葉やごわごわした葉があまり好きではないようで、ほかにもっと柔らかい葉が近くにあれば、わざわざ食べにくい葉にかじりつくことはしない。

植物が自前でつくる化学物質のほかに、鳥の存在がナメクジにとっては自然の脅威になる。だから、庭に餌と水をたくさん用意して鳥をもてなせば、お返しにナメクジを退治していってくれる。

若い植物をナメクジに食べられないようにするには、守りが鉄壁な鉢植えか、庭のなかでも安全な場所（目の粗い砂か温室など）で育て、生長して自力でナメクジに対抗できるようになってから庭に植え替えるといい。

さいごに天然の防虫剤として、ニンニク

か塩化カルシウムを水に溶かして葉の上に散布する方法を紹介する。塩化カルシウムは苦いのでナメクジが寄りつかなくなるし、ニンニクの匂いも好きではないようだ。どちらも植物の体内でつくられる化学物質とちがって雨に流されてしまうので、そのたびに散布するのを忘れないように。

ナメクジの好き嫌い

庭づくりの参考になるように、ナメクジが好む植物と嫌いな植物をそれぞれ10種類あげておく。まえもって知っていれば、お気に入りの草花にナメクジがかじりついているのを見て悲しい思いをしなくてすむだろう。

ナメクジが好きな植物
- セロリ
- ギボウシ *Hosta*
- レタス
- ペチュニア *Petunia*
- ベニバナインゲン
- チューリップ *Tulipa*
- ダリア *Dahlia*
- デルフィニウム属 *Delphinium*
- ガーベラ属 *Gerbera*
- えんどう豆

ナメクジが嫌いな植物
- ハアザミ *Acanthus mollis*
- アルケミラモリス *Alchemilla mollis*
- ヒマラヤユキノシタ *Bergenia*
- ケマンソウ *Dicentra spectabilis*
- ジギタリス属 *Digitalis*
- フクシア属 *Fuchsia*
- テンジクアオイ属 *Pelargonium*
- サキシフラガ・ウルビウム *Saxifraga x urbium*
- ノウゼンハレン属 *Tropaeolum*
- モウズイカ属 *Verbascum*

ギボウシ *Hosta*

堆肥にするのにいちばんいい食べものは？

日頃からそんなことを考えている人はあまりいない。そもそも堆肥の材料にするのは人間が食事を終えたあとに残る食べかすで、さいしょから堆肥に入れようと思って食材を選んでいるわけではないのだから。

> 野菜の皮は人間の食べかすのなかでもとくに堆肥の原料にもってこいなのだが、たくさん入れると窒素が多くなりすぎる。あまり水っぽくなく、ほろほろと崩れるような堆肥をつくるには、藁などの乾燥した材料を混ぜてバランスを整えるといい。

第2の堆肥のつくりかた

なんでもどんどん放り込むと、大切な堆肥箱のなかのバランスを崩してしまうかもしれない。そんな危険を冒したくない人には、食べかすを無駄にせずにすむ代案を伝授しよう。食材の残りかす専用の小さめの堆肥箱を用意すれば、量はすくないけれど質のいい堆肥をつくることができる。ネズミに食われないように頑丈な容器を準備して、底に網を張って堆肥箱にする。無酸素状態では腐敗が進まないが、底が網になっていれば空気が自由に出入りできてすぐに分解が進み、匂いもほとんど気にならない。水分は網を通って地面に吸収されるので、あとは地中でバクテリアが分解してくれる。

堆肥の材料を溜めておくバケツをキッチンに置きっぱなしにしたくない人は、ボカシ肥料の自作キットを使うといい。容器が密閉されているので、生ゴミを目にすることも嫌な匂いに悩まされることもなく、キッチンで少量の堆肥をつくることができる。ボカシ肥料の容器のなかでは選りすぐりの微生物と菌類が待ち構えていて、食べかすが投入されるとすぐに手際よく分解してくれる。

◁食糧不足が深刻だった時代は、ジャガイモの皮を剥いて、その皮を植えていた。ジャガイモの皮には小さな芽があって、そこから新しく育つからだ。

庭のふしぎ　**197**

Q 人間の尿は植物にいいの？

自然志向の人が尽きることのない資源を求めた結果、多くの場合にたどりつく理にかなった結論は、自分の尿を薄めて植物の水やりに使うことだ。そして、実践したあとには口を揃えて成果があったという。もちろん、植物が育ったあとに、それとわかる匂いが残ることもない。はたして人間の尿はほんとうに植物にいいのだろうか？

人間の便を庭にまくことは衛生的ではないのでお勧めできないけれど、健康な人の尿には大腸菌などの有害なバクテリアが含まれていることはない。

では、庭より広い農地はどうか。どこにでもある安あがりな栄養剤として尿を畑に撒いたところ、作物がよく実り、土も活性化したという。ところが、世界的には人間の尿を回収して、分配する取り組みはあまり積極的に行われていない。尿を分離する機能を備えたトイレをつくることはできても、建築基準や衛生基準を満たせず、設置できないことが多い。せっかく資源があるのになんとも残念な話だ。

A 人間の尿には窒素とリンとカリウムが含まれていて、大人の1回分の尿の含有量は窒素11g、リン1g、カリウム2.5gといわれている。それぞれの割合のバランスがよく、栄養剤として使うととても効果がある。

スウェーデンは世界に例を見ないほど尿分離式トイレの普及が進んでいて、尿の貯蔵システムが一般的に使われている。春がきたら、溜めておいた尿を農地にまき、立派な作物がなるのを待つという。

堆肥の山はトイレ代わりになる？

堆肥に尿を加えるといいことがいくつもある。窒素が増えることで、木質で炭素の多い物質の腐敗の進みがはやくなるし、カリウムと、わずかながら含まれているリンの働きで栄養たっぷりの堆肥になる。微生物が尿をすぐに無害にしてくれるので堆肥づくりが失敗に終わることもない。水気が多くなり過ぎてしまったときは、藁を足してバランスを整え、腐敗が着実に進むようにしよう。

芝生にコケが生えるのはどうして？

コケは湿った日陰を好んで生えてくる。目がつまった丈夫な芝生では、芝草がコケの上に覆いかぶさり、地中の水分をのこらず吸いあげて、コケの繁殖を防ぐことができる。けれども、踏みかためられた芝生の土はコケにとって育つのに都合のいい環境になるので、コケはここぞとばかりに芝を押しのけ、我が物顔でのさばりはじめる。

> 芝とコケでは繁殖が盛んになる環境にちがいがある。湿気の多い気候で、人がよく通るせいで芝が踏みかためられている場所は、コケの侵略を許しやすい。

多くの園芸愛好家、とくに青々とした絨毯のような芝生をこよなく愛する人たちは、長いあいだコケとの攻防戦を繰りひろげてきた。コケが生えないようにするための一般的な対策としては、ローンスパイクという方法がある。スパイクのようにかたくて先の尖った道具で土に穴をあけるか、なかが空洞になっているパンチのような道具で土を繰り抜いて、空気を送り込む。それから栄養剤を散布してライヴァルに負けない逞しい芝に育てる。コケは酸性の土を好むので、石灰を撒いて芝生のpH値をアルカリ性にすれば、コケではなく芝が元気に育つ。

▼ あまりに水はけが悪くて、ほかの植物が育たない場所では、コケが生えて土を覆う。それが自然の摂理だ。

どうせ負け戦なら……

コケは胞子から生まれて繁殖する植物で、わずかでもチャンスがあればすぐに棲みついて成長する。湿潤な気候の地域には、芝生づくりには適さない、または、芝などとうてい育たない陰地がある。そういうときは潔く負けをみとめて、草の代わりにコケで芝生をつくるほうが得策かもしれない。その場合、草とコケの立場が逆転して、草のほうが邪魔者の雑草になるので、除草剤をまかなければいけない（コケは除草剤に耐性があって枯れることはほとんどない）。コケの芝生は草とちがって栄養剤も芝刈りも必要ないかわりに、いつも湿った状態にしておかなければならない。それに、やはり踏みかためられると生きていけないので、踏み石で通り道をつくって、コケを踏まないようにする。

ウマスギゴケ *Polytrichum commune* は広い範囲に生息しているコケの一種。星のようなかたちをした可愛らしい緑の葉が特徴。

生存競争に強いコケ

コケは植物の仲間だが、根もなければ、体内に水が通る管もない。だから湿気があって、水がいつも供給される場所でなければ生きていけない。ところが、そんな制約をものともせずに、根を張るには狭すぎてほかの植物が生きられないような場所（たとえば屋根の上）やほとんど日が当たらない場所（森林の木陰など）でも果敢に生き場所を見つけて生長することも多い。そのため、植物が育ちそうもない環境を"緑化"したり、代わり映えのする庭をつくりたいときには、コケが重宝される。乾期が長引くと、コケは干からびて茶色く変色し、見るも無残な姿になるけれど、雨期が戻ってくれば、すぐに水分を吸収して、わずか数時間で元どおり元気になる。とくにミズゴケは吸水性に優れていて、自分の大きさの20倍もの水を吸いあげることができるので、第一次世界大戦の最中には、手荒ではあるけれど、包帯代わりに使われていた。

スギバミズゴケ *Sphagnum capillifolium*

ナメクジとカタツムリはどうちがう？

ナメクジとカタツムリはとてもよく似ている。どちらもカキやハマグリなどの貝と同じ軟体動物で、水のある場所でしか生きられない。それに、どちらも数がとても多くて、ときには大量に発生することもある。どの家の庭にもいるけれど、たいていは招かれざる客と思われている。こうしてみると共通点ばかりが目立つが、実はナメクジとカタツムリのライフスタイルはぜんぜんちがう。

ナメクジとカタツムリの1日

カタツムリは、天気のいい日は干からびないように物陰に潜んで殻のなかに閉じこもっている。いっぽう、ナメクジは地面を這って進み、土のなかに潜れるように体を進化させてきた。昼間、庭に出るとカタツムリばかりが眼につくのはそのためだ。暗くなってから懐中電灯を手に探してみると、土のなかの隠れ家から出てきたナメクジがカタツムリとおなじくらいたくさんいるはずだ。

　カタツムリはふだんは湿気が多くて周りを囲まれた場所に引きこもり、日光に当たらないようにおとなしくしているが、雨が降ると機敏に動いてかなり高いところまで登ることができる。好物の背の高い植物のてっぺんにいる姿を眼にすることも珍しくない。

　ナメクジもカタツムリも不味い粘液をたくさん出して、ほかの動物に食べられないようにしている。

> **A** 見た目のちがいは、カタツムリには殻があるけれど、ナメクジにはないことだ。カタツムリは殻にこもることができるが、ナメクジは殻を持っていないのでべつの方法で身を守らなければいけない。だから多くの時間を土のなかで隠れて過ごしている。

ナメクジの体

一見はっきりしたかたちがないように見えるけれど、ナメクジの体は驚くほど高度で複雑なつくりをしている。

頭部には望遠鏡のような触覚が2本あり、ひとつが"眼"、もうひとつが"鼻"の役割を担っている。唇は厚く、食べているときは奥に引っ込む。口のなかには、舌の上に歯が並んで生えているような歯舌（しぜつ）という器官があって、葉を食べるときはこの歯舌でやすりのように表面をこそぎとる。口のうしろには粘液腺があり、ここから出る粘液のおかげで滑らかに進むことができる。

外套膜（がいとうまく）はほかの部分よりも厚い皮膚でできている。外套膜の右側に呼吸孔があって、その孔が開いたり閉じたりして呼吸している。人間と同じで、呼吸器官のいちばん奥には筋肉の層でできた横隔膜がある。横隔膜は空気を取り込み、外へ出すポンプの役目を果たしている。ナメクジは危険が迫ると体を思い切り縮めて外套膜のなかにすっぽりおさまる。カタツムリではこの外套膜が殻に覆われている。

外套膜の下は**胴体**で、心臓、腎臓（ナメクジには腎臓がひとつしかない）、消化器官、生殖器官などほとんどの器官は胴体のなかにある。ナメクジは雌雄同体で、交尾するときはお互いを包み込むように密着し、突き出した生殖器を通して精子を交換する。

ナメクジの体の下のほうはぜんぶ**脚**で、脚はほとんど筋肉でできている。筋肉を収縮または弛緩させて移動するのだが、バックはできず、前にしか進めない。

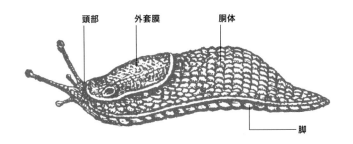

Q ハチは冬のあいだどこにいるの？

どこで冬を越すかはハチの種類によってちがう。イギリスの一般的な庭には、夏のあいだに平均して6〜10種類のハチがやってくる。そのなかには、巣で暮らすミツバチ、コロニーという集団をつくって生活するマルハナバチ、その名のとおり群れに属さずに単体で生きる単生バチなどがいる。

寒い季節を乗りきる

ミツバチは冬のあいだも栄養が必要で、巣に貯めた蜜を食べて過ごす。養蜂家が蜜を回収したあとは、代わりに置いていく砂糖のキャンディや砂糖水を食べる。気温がとても低いときは、体を寄せ合い羽を震わせて体を温める。

　マルハナバチは地下の巣のなかで、コロニーという集団をつくって生活する。コロニーの大半は繁殖力のない雌の働きバチが占めている。冬が近づくと、女王バチと雄のハチが孵化して巣を去り、巣に残された繁殖力のない雌の働きバチは夏の終わりまでに死にたえる。女王バチは巣を出るとすぐに受精し、交尾を終えた雄のハチは死ぬ。身ごもった女王バチは栄養をたっぷり蓄えて、ひとり地中で春になるまで冬眠して過ごす。

　単生バチはミツバチのように巣をつくることも、マルハナバチのようにコロニーの一員になることもない。体の小さい単生バチは植物にとっては大切な花粉の運び手で、冬のあいだは穴倉や洞穴のなかで過ごし、春がきたら栄養補給をして、気温が高くなってから繁殖する。

> **A** ミツバチは巣のなかで体を寄せ合ってお互いに温め合いながら冬を越す。マルハナバチの女王はひとりで土のなかに隠れ、単生バチは気温があがって暖かくなるまで、自分だけの隠れ家で過ごす。

セイヨウミツバチ
Apis mellifera

芝生は草でなければいけない？

芝生というと草の芝生がまっさきに思い浮かぶ。草の芝生は競技場や遊び場として最適なだけでなく、ただごろんと寝っ転がるだけでも気持ちがいい。草は草食動物に食べられてもすぐにまた育つように進化してきたので、手入れはそれほどむずかしくない（ローンボウリング〈芝の上でボールを転がして競うスポーツ〉用の芝生は綿密に刈り込まなければならず、管理がむずかしい）。

伝統のある芝生

ローマンカモミール *Chamaemelum nobile* は草丈の低い常緑の多年草で、ヨーロッパの大西洋岸地域ではすくなくとも4世紀前からカモミールの芝生が盛んにつくられていた。深くて豊かな緑色の葉を持ち、すりつぶすと芳しい香りがするため人気があるのだが、頻繁に踏まれるとだめになってしまうので、芝生が日々の生活の通路になっているなら踏み石を置いたほうがいい。芝生にするなら小さくて花をつけないノンフラワーカモミール *Treneague* という品種がいちばん適している。

シャクジソウ属 *Trifolium*、いわゆるクローバーの芝生はとても育てやすい。クローバーは横に這うように伸びる習性を持っているため、草食動物に食べられる危険も草刈機に刈り取られる危険も少ない。クローバーの最大の長所は生存能力が高

> 芝生はなにも草でつくらなくても構わない。丈の低い植物ならほかにも芝生に適しているものもある。ただ、それらの植物は草に比べて弱いことが多い。

いことだ。空気から窒素を取り込むことができるので、リンとカリウムを含む栄養剤は最低限しか必要ない。逆に、最大の欠点は、害虫や病原菌のせいで土が"クローバー病"にかかってしまうと、健康に育たなくなることだ。

また、最近では草の芝生は生物の多様性に欠け、栄養剤の散布や草刈りや水やりなどの手間がかかって環境維持コストが高いという理由から槍玉にあげられることが増えてきた。これからは、背丈の低い植物をいくつか組み合わせ、あまり手間がかからなくて、生物多様性に富んでいて、野生生物にやさしい芝生が主流になるかもしれない。

◀ 丈が低く密集して生えるヨウシュイブキジャコウソウ *Thymus serpyllum* などのタイムの仲間は見た目も可愛らしく、いい香りがするので、花の絨毯をつくるのにもってこいの植物だ。

Q 鳥の好物ってなんだろう？

鳥のいちばんの好物はなにか？　もう想像がつくと思うけれど、好物は鳥によってちがう。英国鳥類学協会の研究によれば、鳥の品種や季節の変化に応じて好む餌も異なるので、いろいろな種類を用意しておくといいようだ。

くちばし次第

アオガラのように細くて短いくちばしは虫を捕まえるのに適している。スズメのような短くて幅の広いくちばしは、タネをつまみあげ、殻を割って中身を出しやすいようにできている。また、ムクドリはなんでも食べる雑食の鳥で、くちばしはまるでバネの力で動いているように見える。土が柔らかく、じめじめしているときは、くちばしを地中につっこんでから開いて穴をあけ、なかを覗いて食べごろのミミズやウジムシを探す。冬になって地面がかたくなると、くちばしで穴をあけることができなくなるので、代わりに果実や木の実や穀物などを食べる。

> **A** 野鳥（エミューやワシやタカではなく、庭に餌を食べにくる小鳥）の食の好みはさまざまだ。なんでも好きなものを選べるわけではないけれど、くちばしのかたちを見れば、どんなものを食べて進化してきたのかがわかる。

グルメな鳥のごちそう

いろいろな鳥の舌に合うように餌台にちがう種類の餌をたくさん取り揃えてある庭をよく見かける。鳥をもてなすごちそうには、ヒマワリの花の芯（かたい殻に包まれたタネよりも食べやすく、油分とタンパク質が豊富に含まれている）、ゴミムシダマシの幼虫（乾燥させたものか生のものをペットショップで買える）、粒餌だんご（脂肪とタネを混ぜたもので、これを嫌いな鳥はほとんどいない）などがある。

イエスズメ
Passer domesticus

粒餌だんごのつくり方

新鮮なほうがいいので、そのときに必要な量だけつくること。いろいろな種類の鳥が庭を訪ねてくるのが待ち遠しくなるにちがいない。

材料：
- 塩をふっていないピーナッツのむき実、カナリアクサヨシのタネ、ドライフルーツ、乾燥させたゴミムシダマシの幼虫、ミューズリー（シリアルの一種）、生のオートミール、ヒマワリの花の芯、クルミを細かく砕いたもの。これらの材料をぜんぶ、または何種類か混ぜておく。
- ラードまたはスエット
- 空のプラスチック容器またはヨーグルトのカップ（あとで割って中身を出すので薄いほうがよい）
- 細いひも

1. プラスチック容器またはヨーグルトのカップの底に、ひもが抜けない程度に小さい穴をあける
2. ひもを1mほどの長さに切り、片方の端を容器にあけた穴に通して外側で結び目をつくって固定する
3. フライパンを弱火にかけ、ラードまたはスエット（ケンネ脂）を溶かす
4. フライパンを火からおろし、乾燥した材料を混ぜ合わせたものを加える。乾燥した材料が油と混ざって粘り気のあるかたまりになる
5. できあがった生地を容器につめ、ひもの周りにも巻きつけて、冷蔵庫でかためる
6. 生地がかたまったら、容器を切るか割って、生地からはがす
7. ひもをひっかけて庭につるす

鳥がだんごを食べるだけでなく水も飲めるように、粒餌だんごの近くに水を置いておく。

ピーナッツのむき実

乾燥させたゴミムシダマシの幼虫

堆肥はどうして熱くなるの？

堆肥の山が熱を帯びているとしたら、それはいい堆肥の証だ。熱のおかげで上質な堆肥がはやくできるからだ。薪を火にくべて燃やすのと同じで、木質の材料が分解するときに熱を発する。ただ、じかに燃えるときとちがって、分解による"燃焼"はゆっくりすすみ、微生物から出る酵素で化学変化も起こる。

さいわい、堆肥の山が燃えて炎があがることはほとんどない。材料の分量が適切な配分になっていれば、どんどん腐敗が進んで栄養満点の堆肥ができる。堆肥の山でも堆肥箱でも、藁や落ち葉を加えるといい堆肥になるが、木質のものはあまりたくさんいれないほうがいい。混ぜ合わせた材料が堆肥になるには、適度な水分と窒素がいる。窒素1に対して炭素20〜30の割合がいちばんいい（干し草はもともとそのくらいの割合なので、堆肥に入れるのにちょうどいい。ちなみに藁は窒素1に対して炭素80、刈られた草は窒素1に対して炭素が19ほどだ）。だから、どれかひとつをたくさん入れるのではなく、いくつもの材料をバランスよく混ぜたほうが、いい堆肥になる。それに、堆肥の山や堆肥箱になんでも一度に入れていいのなら、つくる方にとっても都合がいい。いろいろな材料を混ぜることで熱も発生し続ける。なかなか"熟成"しないようなら、一度掘り起こすか、箱からぜんぶ出して、しっかりかき混ぜてからもとに戻す。そうすればまた熱が発生して分解が進み、堆肥がはやくできる。

堆肥のなかで微生物が炭素をたくさん含んだ有機物を分解するときに熱が発生する。自然にゆっくりと酸化が起こっているように見えて、実は内部の温度はかなり高温になる。

堆肥づくりの立役者たち

堆肥箱のなかにいるバクテリアと微生物は、種類によって働くタイミングが決まっている。堆肥箱のなかが涼しいあいだは、庭で有機物を分解しているのと同じ微生物と菌類が仕事をする。熱が発生すると、中等温度好性（温度が21〜32度のとき活発になる）のバクテリアがあとを引き継ぐ。さらに温度があがると、こんどは好熱性のバクテリアの出番になる。

温床のつくりかた

ヴィクトリア朝時代は、暖房のきいた温室がまだ一般的ではなかったので、園芸愛好家は温床をつくり、そこから自然に発生する熱を利用してキュウリやレタス、ラディッシュなどの早採り野菜を育てていた。温床はメロンなど耐寒性のない作物の栽培にも使われていた。

メロン *Cucumis melo*

温床をつくってみたい人は、まず冷床用の枠を用意し、庭に枠よりすこし大きめのまっさらな場所を確保しよう。藁とかき集めた落ち葉と肥やしをまぜて1mの高さの床をつくったら、腐敗が進むまで放っておく（さいしょはアンモニアの強烈な匂いがするけれど、そのうちなにかが熟したような匂いに変わり、耐えられないほどではなくなる）。じゅうぶん混ざりあって分解が進み、完熟したような匂いが消えて単なる土の匂いになったら、床の上に30cmほどの土の層をつくる。この土の層が植物の育つ場所になる。土の層に栽培したい植物のタネを蒔くか、苗を植えて、用意しておいた枠をかぶせる。植えた植物が環境に適していれば、土の下から自然の熱で暖められて、すぐに元気な作物が育つ。

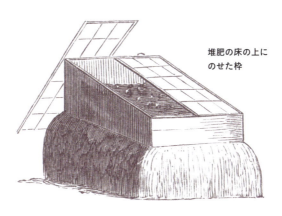

堆肥の床の上にのせた枠

Q ナメクジはビールで退治できる？

ナメクジはビールが大好きらしい。といっても、アルコールが好きなわけではなく、ノンアルコールのビールでも同じように反応を示す。どうやら発酵した酵母の香りと風味に目がないようだ。だから、ビールのほかにも発酵した果物の香りと味を好むと言われている。

ビールトラップ

ビールトラップは、暗くて湿った隠れ家と発酵した物質がある場所を好むナメクジの習性を利用した駆除方法で、自分でつくることもできるし、市販されているものもある。容器の底にビールを入れてナメクジをおびき寄せられるものであれば、どんなかたちでも効果に差はないようだ。いちどトラップに入ったナメクジは逃げることができず、やがて溺れ死ぬ。理論上は、このトラップをたくさん仕掛ければ庭のナメクジを一網打尽にできるはずだけれど、実際そこまでの効果があるのかどうか定かではない。ただ、ビールトラップを仕掛けることで、ナメクジの被害がどれくらいなのか現状を把握することはできるだろう。思っていた以上にナメクジに庭を荒らされているようなら、寄生性線虫を土に忍ばせるなど、もっと強力な対策を講じればいい。

A

ビールはナメクジにとって害になるものではないので、駆除剤としての効果はない。けれどもビールトラップを使ってナメクジをおびき寄せることができれば、結果的にナメクジの数が減り、ナメクジもそれほど苦しむことなく安らかにあの世へ旅立てる。

好みの銘柄がある？

アメリカでおこなわれた実験の結果、ナメクジにもビールの銘柄の好き嫌いがあることがわかった。とくにバドワイザーはほかの銘柄に比べて嫌われる確率がかなり高かった。ビールによって反応に差があるのは、銘柄ごとに発酵につかう化学物質がちがうからだ。ビールトラップを仕掛けるだけでは物足りない人は、ナメクジがいちばん好きな銘柄を調べてみよう。

池の水が健全かどうかを知るには？

自然にできた池は、汚染物質で汚れているか、栄養過多でない限り、たいていは健全な水質を保っている。水面に吹く風が酸素を運んできて、酸素を含んだ水が水質を健全に保ち、自立した生態系を支えている。一方、人工の池は人の手によって生まれた問題を抱えていることが多い。

水からの危険サイン

庭の池に死んだ魚が浮いていたら、たいていはその魚ではなく水に問題がある。池の水深があまり深くない場合は魚にとってストレスになっていることも考えられる。それ以外に原因がありそうなときは、検査キットを使うか専門家に相談して、魚が棲みやすい環境をどうやって維持するか考えよう。

藻類やアオウキクサ属 Lemna の大量発生も水の不調を示すサインになる。解決策としては、魚の数を減らす、浮遊植物を増やして藻が発生しないようにする、池の周りで栄養剤を使わないようにするなどがある。ただ、池の水深が浅すぎることが原因だとしたら、そう簡単には解決できない。庭の池は水槽を使ってつくられていることが多いので、藻や浮き草が繰り返し発生するようなら、いちど水槽ごと掘りおこして、もっと深い池をつくることを検討したほうがいいかもしれない。

時期によって池が死んでいるように見えることがある。これには季節が関係していて、冬になると池は真っ暗でいかにも死んでいるように見える。ただし、冬でも何かほかに原因があることもある。池のなかに朽ちた葉がたくさんあると、一時的に死んでいるように見えることがあるので、その場合は朽ちた葉を取り除いたほうがいい。また、日陰になるのも池にとってはあまり好ましいことではなく、日陰にある池では生物が活発に活動しないことがある。

藻類やアオウキクサ属 Lemna が大量に発生していたら、池の水が健全な状態ではない可能性が高い。魚が死んでしまう場合も池の水に問題があることが多い。生物の活動が全般的に鈍いなら、そうとう危険な状態だといえる。

▶ ニムファエア・カンジダ Nymphaea candida は池だけでなく、樽や桶のなかでも生きることができ、目ざわりな藻の発生を防ぐ。

蝶を誘惑するには？

庭に蝶が飛んでいるのを見るとなんだか嬉しくなる。蝶は食べものを求めて花から花へと移り、卵を産みおとす。それにはたくさんのエネルギーが必要で、その源になっているのが花の甘い蜜だ。蝶が喜んであそびにきてくれる庭をつくるのは、それほどむずかしくない。蝶が好む植物を調べて植えておけば、きっといい結果が待っているはずだ。

どの植物にも魅力があるわけではない。逆に人間にとっては雑草でも、蝶にはとても魅力的にうつる草花もある。庭の日当たりの悪い片隅に、雑草が生えていてもそれほど邪魔にならない場所があるなら、イラクサ *Urtica dioca* を植えてみるといい。イラクサをことのほか好む蝶には、クジャクチョウ、ヨーロッパアカタテハ、コンマチョウ、体の小さなヒオドシチョウなどがいる。また、ルリシジミはキヅタ属 *Hedera* の蜜を吸う。

困ったことも

蝶や蛾の卵が孵化してイモムシが生まれると、寄生している植物に深刻な被害をもたらすことがある。ヒメアカタテハは海を渡る蝶で、何年もムギワラギク属（花壇によく植えられている銀色の葉を持つ植物）をいじめ続けて、北アフリカへ帰っていく。ただ、蝶による被害が植物の死活問題になることはほとんどないので、できれば大目に見てあげてほしい。過去40年間で蝶と蛾の生息数は75％も激減していて、美しくて大切な蝶を守るためには、手段を選んでいられない状況なのだ。

やはり蝶を保護するという意味で、雑草も含めて、花の咲いている草花に殺虫剤を散布することや、殺虫剤が近くの花についてしまいそうな場所での使用は控えてもらいたい。殺虫剤に触れたら蝶は死んでしまう。

> 蝶を庭に誘ういちばんの方法は、蜜をたくさんつくる花を育てることだ。蝶の種類によって好きな花がちがうので、いろんな品種の花があれば、いろんな種類の蝶が立ち寄ってくれるだろう。

フサフジウツギ
Buddleja davidii

庭のふしぎ　**211**

蝶がとくに好む13の植物

- キイチゴ属 *Rubus fruticosus*
- フサフジウツギ *Buddleja davidii*
- 一重咲きのダリア属 *Dahlia*
- スペアミント *Mentha spicata*
- アキノキリンソウ属 *Solidago*
- ギョリュウモドキ *Calluna vulgaris*
- ヒースやヘザーの仲間
  エリカ属 *Erica*
  ダボエシア・カンタブリカ
  Daboecia cantabrica など
- オオベンケイソウ
  Sedum spectabile
- ラベンダー *Lavandula*
- アストランティア *Astrantia major*
- アニスヒソップ
  Agastache foeniculum
- タイム（イブキジャコウソウ属）
  Thymus
- ヤナギハナガサ
  Verbena bonariensis

草むしりが嫌いな怠け者の人にも朗報がある。セイヨウタンポポ *Taraxacum officinale* は蜜をたくさんつくるため蝶にとても好かれている。無理に刈らなくてもいい。

セイヨウタンポポ *Taraxacum officinale* に**とまっているキアゲハ** *Papilio machaon*

ギョリュウモドキ
Calluna vulgaris

ダリア属
Dahlia

アストランティア
Astrantia major

ナメクジはいつ庭に帰ってくるの？

ナメクジは夜、たいてい土のなかを移動するので、あとを追うのがむずかしい。それにどれがどのナメクジだか見分けるのも至難の業だ。だから、もしナメクジを庭から20m離れた場所においてきたところで（ナメクジが嫌いな人は投げてもいいが）、もとの場所へ帰ってくるかどうかを知るすべはないに等しい。

> ナメクジの行動範囲を調べるのは容易なことではないけれど、有能な科学者たちが研究を重ねた結果、捕まえてきたナメクジは一晩で4〜12m移動できることがわかった。移動距離は、どのくらいお腹が空いているか、また、通る土の状態によって変わる。

ウサギとカメ？

ナメクジはカタツムリよりずっと動きが遅い。比較実験によれば、カタツムリのほうがすくなくとも2倍のはやさで移動するという。動くはやさがだいたいわかったところで、次に気になるのは、そもそもナメクジ自身がもともといた場所に戻りたいと思っているかどうかだ。

ナメクジが特定の縄張りを持つという証拠はいまのところ見つかっていない（カタツムリは、ぜんぶではないにしても多くの種類で帰巣本能がみられる）。だから、仮にナメクジがもとの場所に戻ってきたとしても、帰りたくて帰ってきたのかどうか判断のしようがない。ただ、ナメクジにはほかの個体が残した粘液を追う傾向がある。ほかの仲間がたくさんいるということは、きっとナメクジにとって過ごしやすい環境なので後を追って集まるのだろう。

◀ ナメクジは見た目が変わりやすいので、顕微鏡で生殖器官をじっくり観察しないと個体を識別できない。

庭のふしぎ 213

Q シマミミズは不味い？

クロウタドリやヨーロッパコマドリが庭のミミズをいかにもおいしそうについばむ光景を誰もがいちどは見たことがあるだろう。けれども、増えすぎたシマミミズ（堆肥箱や虫の飼育器のなかにいる、赤くて細長くいミミズ）を餌台に置いても、鳥はほとんど口をつけない。野鳥はシマミミズが嫌いなのだろうか？

身を守るために

シマミミズは学名の *Eisenia foetida*（"foetida" はラテン語で"臭い"という意味）がずばり言い表しているとおり、とても臭い匂いがする。堆肥は柔らかくて崩れやすいので、鳥などの捕食動物に簡単にほじくられてしまう。だから堆肥のなかにいるシマミミズが身を守る手段を備えていてもなんの不思議もない。おかげで鳥が堆肥の山をあさることはほとんどない。そのか

> A 食べてみたことがないので、シマミミズがほんとうに不味いかどうかは断言できない。ただ、シマミミズは乱暴に扱われると、おそらくは防衛手段としてとても臭い液体を排出する。だから鳥もシマミミズを好んで食べようとはしない。

わり、コガネムシの幼虫やミミズやガガンボやコメツキムシの幼虫などがごまんといる芝生や広々とした土地には、鳥やアナグマなどが居座ってご馳走を堪能する。ところで、さいしょの質問の答は？ シマミミズはおいしくないので、わざわざ獲って食べることもないだろう。

シマミミズをおいしく食べるには

シマミミズはタンパク質が豊富なので、鶏やブタなどの家畜の飼料に使われる。といっても、生ではなく、洗って、茹でて、乾燥させてから挽いたものを与えている。加工処理をすると不味い成分がなくなるようだ。水で洗うだけでも、鳥がシマミミズを食べるようになるのかもしれないので、試してみるといい。

果樹はかならず剪定しなければいけないの？

木はもともと花を咲かせて実をつけるようにできているので、果樹の剪定をいっさいしなくても実を結ぶ。ただ、きちんと剪定せず、手入れを怠ると実のなりかたにばらつきが生じやすくなる。また、剪定のしかたを誤ると、実が奇形になるか、不規則なつきかたになることもあるのだ。

野生の木

自然に自生している木は、タネを残すためにありとあらゆる戦略を身につけている。具体的には、豊作の次の年は不作になる、競争相手を日陰に追いやるためにやたらと大きくなる、大きい実ではなく小さい実をたくさんつけるなどの手段をつかって子孫を残そうとする。ときにはこうした性質が果樹の栽培農家の悩みの種になることがある。

人間が栽培している木も野生の木の性質をある程度受け継いでいる。小さい植物に比べて生長が遅いことがその理由のひとつだ。果樹を品定めし、望ましい特質を備えた木を選んで掛け合わせるまでには25年もの歳月がかかる。さらに、その掛け合わせが成功したかどうかを判断するのに、もう25年かかる。そのあいだ、果樹は自生している近隣種とそれほど変わらない性質を保ったままで生きつづける。

そこで、果樹園で栽培される木には必要のない、余分な生存戦略を制御するために剪定が必要になる。ひとたび人間の手で栽培されることになったら、生存競争から木を守り、繁殖させられるかどうかの責任は育てている人間が負うもので、木はただ身をゆだねていればいい。剪定は果樹を大切に育てるには欠かせない作業で、栽培する人にはその木から最高の結果を生むことがいつも求められている。

> **A** よくよく考えて剪定すると、木が毎年たくさんの実をつけることにエネルギーを集中できるようになるので、とても意味がある。ただ、経験の浅い人にとっては、とても神経をつかう作業だ。

◀ 熟練の園芸家なら、いちばん細い枝を残してすべて剪定するときは、狭い場所でも最小限の力だけで切ることができて、切り口がきれいな剪定のこぎりを選ぶ人が多い。

剪定の達人を目指して

大きな果樹の場合、毎年古い枝をある程度切り落とし、じゅうぶんな空間を持たせることで大きな実がなる。活力のある新しい枝が次々に出てきても、狭苦しい思いをせずにすむからだ。枝が重なり合っていないので、実は太陽の光をたっぷり浴びて大きく育ち、色も味もよくなる。

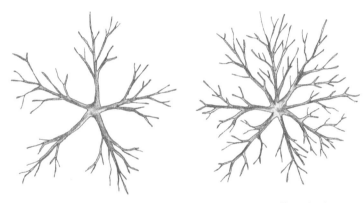

望ましい枝のつきかた　　　　　**望ましくない枝のつきかた**

果樹が大きくなりすぎたときは、たいてい夏に剪定をする。丈夫で青々とした枝を切り落とせば栄養が足りなくなって生長がとまる。また、枝に葉が茂りすぎる傾向があるときも、夏に剪定して、葉ではなく花の蕾をたくさんつけるように仕向ける。逆に花が多すぎるときは、春に花が咲いている枝を何本か切り落として、豊作と不作を1年ごとに繰り返すサイクルに陥らないようにする。

リンゴ属 *Malus* やナシ属 *Pyrus* などは、大きな実を結ぶために栄養をたくさん消費するので、木に負担がかかる。そういう木の剪定作業は重労働になることが多い。サクラ属 *Prunus* のサクラやスモモの木は実が小さいので、剪定はそれほど大変ではない。

Q 錆(さ)びも伝染する？

冬になって園芸用の道具を片づける前に、しっかり洗って油を塗っておかないと、春に使おうと思ってまた出したときに錆びができていてがっかりすることになりかねない。しかも、どれかひとつに錆びが発生すると、まるで伝染したかのようにほかの道具もみんな錆びてしまうことがある。

錆びは水のある場所で鉄が酸化することによって発生する。表面に赤くて粉っぽいものが沈殿しているように見えるのは、水酸化鉄だ。すこしでも錆びができると、どんどん広がって鉄が腐食し、もろくなる。純粋な鉄が錆びることはないけれど、純度の低い鉄や鉄の合金はすぐに錆びてしまう。アルミニウム、銅などの金属は表面に頑丈な酸化被膜をつくってなかの金属を錆びから守る。鉄の合金のひとつであるステンレスは錆びには耐性があるのだが、ほかの金属に比べて弱いのが難点だ。

A 錆びはいかにも伝染したように見えるけれど、生物の感染症のように広がるわけではなく、化学反応によって発生する。ただ、湿った場所に鉄をまとめて置いておくと一気に錆びが発生するので、あたかも伝染病が広がったように見えることがある。

錆びから守る

最近の園芸用の道具はほとんどがステンレス製で、錆びに強い亜鉛でめっき処理してあるか、プラスチックで表面をコーティングしてあるので、錆びる心配はほとんどない。鉄か鋼鉄でできている道具を使っている人は、使ったあとに洗って乾かし、換気の行き届いた場所に保管しておくとよい。湿気のある場所に置いておくときは、鉱油をスプレーして表面を保護すれば水をはじくので、錆びから金属を守ることができる。

予防策はほかにもある。めっきやプラスチックのコーティング剤がはがれてしまったときは、亜鉛を多く含んだ塗料を上から塗ればそれ以上の酸化を防ぐことができる。ほかにも錆び止め効果のある塗料があるので、必要に応じて活用しよう。

害虫はどうして雑草には眼もくれずに
お気に入りの植物ばかりを狙うの？

なんとも腹立たしい話だ。草刈りを1、2週間さぼっただけで、庭はセイヨウタンポポ *Taraxacum officinale* やコハコベ *Stellaria media* などお呼びでない草花であふれかえるというのに、花壇を見にいったら自慢のダリアが穴だらけになってぐったりしているではないか。害虫はどうして大切なダリアの代わりに邪魔者のタンポポだけをおそってくれないのだろう？　どうせなら厄介な雑草を全滅させてくれたらいいのに……。

雑草はどんな逆境でも生きていけるように進化してきた。害虫や病気に強いのはそのためだ。まさに雑草魂で厳しい生存競争を生き抜いているのだ。

病気に強い雑草を退治するには

どうして雑草は害虫に対してこれほど強い抵抗力を持っているのか。その答を科学で明らかにしようと、これまで数々の実験がおこなわれてきた。環境問題や食の安全への意識が高まるにつれて、殺虫剤の使用を敬遠する風潮がますます強まりつつある。殺虫剤が使えないとなると、生物学的な駆除方法に頼らざるをえない。生物学的な方法では、望ましくない場所に生えてきた植物を害虫や病原菌に感染させて駆除する。最大の課題は、雑草が自然界の敵に対して持っている抵抗力に勝てるかどうかだ。

外来種の雑草と
いないはずの敵

自然な方法での駆除がいちばん期待できそうなのは外来種の雑草だ。敵のいる故郷から遠く離れて、世代がくだり、もともと持っていた抵抗力が衰えているからだ。たとえば、日本からやってきて、イギリスーの嫌われ者になったイタドリ *Fallopia japonica* は、日本では害虫や病原菌のおかげで繁殖がある程度抑えられていたが、新しい土地には天敵がいなかったので、好き放題に繁殖してきた。数年後、日本から天敵の害虫がもたらされると、抵抗力がなくなっていたイタドリはあっさり負けてしまった。

参考文献

本

Botany for Gardeners
Brian Capon
Timber Press, 2010

RHS Botany for Gardeners:
The Art and Science of Gardening
Explained & Explored
Geoff Hodge
RHS and Mitchell Beazley, 2013

The Chemistry of Plants: Perfumes,
Pigments and Poisons
Margareta Sequin
Royal Society of Chemistry, 2012

Climate and Weather
John Kington
Collins, 2010

Earthworm Biology
(Studies in Biology)
John A. Wallwork
Hodder Arnold, 1983

Hartmann & Kester's Plant
Propagation: Principles
and Practices
Fred T. Davies, Robert L. Geneve,
Hudson T. Hartmann and Dale E. Kester
Pearson, 2013

Insect Natural History
A. D Imms
Bloomsbury/Collins, 1990

Life in the Soil: A Guide for
Naturalists and Gardeners
James B. Nardi
University of Chicago Press, 2007

The Life of a Leaf
Steven Vogel
University of Chicago Press, 2013

The Living Garden
Edward J. Salisbury
G. Bell & Sons, 1943

Mushrooms
Roger Phillips
Macmillan, 2006

Nature in Towns and Cities
David Goole
William Collins, 2014

Nature's Palette:
The Science of Plant Color
David Lee
University of Chicago Press,
2008

Plant Pests
David V. Alford
Collins, 2011

『樹木と文明
　──樹木の進化・生態・分類、
人類との関係、そして未来』
コリン・タッジ著、大場秀章監訳、渡会圭子訳
アスペクト
2008年

『樹木学』
ピーター・トーマス著
熊崎実・浅川澄彦・須藤彰司訳
築地書館
2001年

Trees: Their Natural History
Peter A. Thomas
Cambridge University Press,
2014

Weeds & Aliens
Edward J. Salisbury
Collins, 1961

論文・雑誌記事

'The formation of vegetable mould, through the action of worms, with observations on their habits'
Charles Darwin, 1890
https://archive.org/details/formation-ofveget01darw
（2017年9月1日現在）

PLOS Biology
http://journals.plos.org/plosbiology/
Open access scientific journal.

Rogers Mushrooms
Roger Phillips
http://rogersmushroomsapp.com/
（2017年9月1日現在）

DVD

The Private Life of Plants (DVD)
David Attenborough
2012

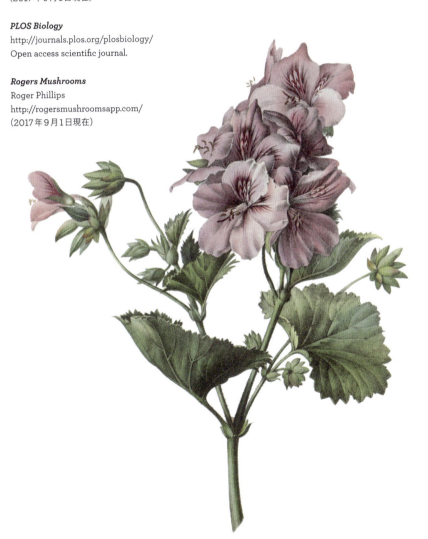

索引

あ

青い花……90-91

秋

　秋咲きの花……173

　イモムシ……183

　菌類……104

　クモ……190

　タネ……22, 27, 181

　葉の色……20, 182-183

　落葉……52, 160-161, 166-167

アジサイの色……83, 90

雨水と土……100

雨の陰……174

嵐と木……108-109

池の水の健全性……209

石……107, 112

イタドリ……48-49, 73, 217

イチジク……66-67

イチジクコバチ……66

一年草の根……118

一回結実性の植物……87

イモムシ……183

色

　秋の紅葉……20, 182-183

　イモムシの擬態……183

　色づくりの生化学……88, 151

　花粉の運び手が好む色……74, 75

　ストレスによる色の変化……164

　土による花の色の変化……8, 83

　花の色……70, 77, 80, 88, 90-91

　葉の色……20

英国鳥類学協会……204

英国森林委員会……19

F1種のタネ……54-55

か

オオサンショウモ……49

オーストラリア国立植物標本館……16

温床のつくりかた……207

ガーデンノーム……192-193

害虫、植物と雑草……217

外来種の雑草の襲撃……48-49, 217

カエル……186-187

化学生態学……194

果実と野菜のちがい……78-79

カタツムリとナメクジ……200

花壇とボーダー花壇……191

花粉……89

花粉症……89

花粉の運び手……67, 74, 77, 80, 81, 88, 90, 92, 202

カモミールの芝生……203

カリチェ……123

灌漑用水を移動するタネ……63

　灌漑用水と塩分……127

乾生植物……168-169

岩生植物……138-139

干拓地……143

木

　秋に落葉する木としない木……160-161, 166-167

　植える深さ……115

　果樹の剪定……214-215

　枯れ木……102-103

　木と嵐……108-109

　木と火事……113

　木と菌類……50, 103, 104-105, 116

　木の大きさ……12-13

　切り株……116-117

　暗闇のなかの木……185

　高木と低木……41

古木……33

　樹齢……18-19, 32-33

　針葉……52

　水分の消費……110-111, 175

　生存競争……121

　生長のはやさ……34

　倒木……108-109

　どこに植えるか……13

　根のしくみ……8, 99, 106, 108

　プールの水……110-111

　豊作と不作のサイクル……84-85, 215

キャベツ……39, 55, 135, 177

キューガーデン（英国キュー王立植物園）……16

球根の生長……172-173

休眠中のタネ蒔き……181

凝集……143

局部的な気候……58, 169, 174

切り株……116-117, 130

菌類……14, 21, 50-51

　菌類と木……102-103, 104-105, 116-117, 130

　菌類と土……101, 130, 134

　菌類と雪……181

　菌類による病害……156, 162

　堆肥と菌類……196, 206

　ランとの関係……44-45

草

　草刈り……28

　芝刈り……40

　水分の消費……175

　草と雪……180-181

クモと納屋……190

クローバーの芝生……203

ケール……177

光合成……21, 36, 53, 60, 98, 179, 180

　木と光合成……104, 160-161, 175, 185

光合成と湿度……162-163

　サボテンの光合成……46

　ヒマワリの光合成……82

コールラビ……177

国際植物名目録……16

コケ

　コケと芝生……198-199

枯凋性……161

肥やし……150-151

さ

サー・チャールズ・アイシャム……193

雑種……54

雑草とは……26-27, 48-49

　雑草と害虫……217

砂漠

　砂漠で生きる植物……178-179

砂漠の土と岩の構造……123

錆びの伝染……216

サボテン……46

　必要な水分量……168, 178

サルオガセモドキ……139

CAM型光合成
（ベンケイソウ型有機酸代謝）……168

塩が土にもたらす影響……126-127

自家受粉……70

室内植物……132-133, 169

芝生……40

　芝生とコケ……198-199

　芝生の種類……203

シマミミズ……96

　シマミミズの味……213

霜

　霜と植物……57, 170-171

　霜と花……92

　土と霜……101

　野菜への影響……176

ジャガイモ……171, 196

　ジャガイモと霜……176

　ジャガイモとナメクジ……194

重力屈性……59

蒸気で土を殺菌……134

常緑樹……52, 159, 160-161, 166

植物

　熱い土と植物……165

　栄養不足……164

　過冷却……170-171

　乾生植物……168

　硬化……170

　栽培に失敗する原因……57

　砂漠の植物……178-179

　湿った環境での水やり……162

　植物と霜……170-171

　植物と冬……184

　雑草とよばれる植物……26

　植物に話しかける……47

　植物の一生……32-33

　植物の数……15, 16

　植物の繁殖……17

　花粉の運び手との関係……67

　ストレスによる変色……164

　タネのない実をつける……76

　蝶にやさしい植物……211

　土がなくても育つ植物……138-139

　棘のある植物……53

　日中の水やり……156-157

　根のしくみ……98-99, 120-121, 130

　鉢植え……132-133, 137

　北極・高山植物……170-171

　水がなくても生きられる……168-169

　水の通り道……60-61

　野生と栽培の生存率……56

植物総覧……16

植物の糖分……92, 180, 182

針葉樹……52

水生植物……139

スノードロップ……184

生物多様性……39, 49, 203

生物学的な害虫駆除方法……217

生物作用による燻蒸……134

世界種子貯蔵庫……39

絶対寄生体……138

線虫……122, 128-129, 134, 208

剪定……36-37, 85, 214-215

草原風の庭……191

藻類……14-15, 209

ソラリゼーション……165

た

堆肥

　堆肥にする食べもの……145, 196

　土になる……144-145

　堆肥の熱……206

堆肥液……141

堆肥を分解する生物……206

苔類……14

焚き火……124

竹……86-87

タネ……44-45, 59

　風が運ぶタネ……35

　休眠……23

　生存能力……38-39

　タネとは……21

　タネをまき散らす……21

　タネの交換会……31

　タネの収穫……29, 30-31

　タネの品質……29

　発芽……22-23

　方向感覚……59

　水に運ばれるタネ……62-63

　ランのタネ……44-45

タネの貯蔵庫……39

多年草……118

食べものと堆肥……145, 196

食べられるキノコと
食べられないキノコ……50-51

│キノコと木……104

タンポポ……26, 211, 217

地衣類の性質……14

地下水面……119

地中植物……172-173

地中の粘土……122-123, 142

血と魚と骨……150-151

チャールズ・ダーウィン……96

着生植物……138

蝶……210-211

頂部優勢……36-37

沈下……114, 125

接ぎ木による繁殖……69, 76

│挿し穂が根付くまで……163

土……100

　熱い土と植物……165

　海底の土……143

　酸性の土……100

　人工の土……142

　層位……122-123

　堆肥の熟成速度……144-145

　地下水面……119

　地中の石……107, 112

　土が尽きてなくなる……149

　土がなくても育つ植物
　……138-139

　土と雨水……100

　土と火事……124

　土と塩……126-127, 136

　土の味……140-141

　土のなかの動物……152-153

　土のはたらき……101

　土の疲弊……149

　土の病気……134-135

土をつくる……142

　夏の乾燥の影響……125

　庭の土と鉢植え……137

　表土と心土……122-123

土の改良……143

土の病気と症状……134

粒餌だんご……204-205

低木……36-37

│低木と高木……41

糖のスイッチ（花の開閉）……92

動物

│土のなかで暮らす動物
　……152-153

棘……53

トマトの栽培

　寒い時期……171

　土に塩を撒く……136

鳥の好物……204-205

な

ナシの木……114

│ナシの剪定……215

夏……101, 118, 179, 184

　イモムシ……183

　球根……173

　剪定……215

　タネの発芽……22

　地下水面……119

　夏咲きの花……173, 184

　夏の木……13, 34, 61

　夏の土……101, 125, 165

　葉……20, 161

ナメクジ……9

　カタツムリとのちがい
　……200-201

　ナメクジが好む植物
　……194-195

　ナメクジとビール……208

　ナメクジの帰巣本能……212

納屋……190

ナラタケ……50, 102, 104, 130

日光と水やり……156

ニムファエア・カンジダ……209

尿と植物……197

ニンジン……30, 42-43, 141

根……15, 98-99

　地上の根、気根……148

　根と火事……113

　根と体の割合……106

　根と植物の死……130

　根と凍結……158-159

　根による被害……114-115

　ほかの植物の根との接触
　……120-121

根断片……27

粘土質の土……13, 114, 125, 157

ノーム・リザーヴ……192

は

葉

　秋の紅葉……20, 182-183

　葉の色……182

　病気で変色……157, 164

　紫色の葉……20

ハーヴァード大学植物標本館
……16

パースニップ……176

ハーブ

│ハーブの香り……24-25

│ハーブの生長……25

バイオチャー……150

パセリの生長……23

ハチ

│ハチが好む花……70, 74-75,
　80-81

│冬のあいだのハチ……202

鉢植え……137, 157, 159, 169

│鉢植えとナメクジ……194

索引 **223**

鉢植えの植物
　うまく育たない確率
　……132-133
　鉢植えと庭の土……137
　氷点下での育て方……159
　水のやりすぎ……132
花
　青い花……90-91
　色のバリエーション……70, 88
　受粉の方法……66-67, 70, 74,
　77, 89, 92, 184
　多様な花……70
　花とハチ……74-75
　花と季節……184
　花の蜜……80-81
　花の雌雄……72-73
　花の匂い……77, 80
　夜に咲く花……74, 77, 92-93
　八重咲きの花……71
　夜に閉じる花……92-93
花時計……93
繁殖と他家受粉……70
ビーツ……22, 176
ピーマン……58
ビールとナメクジ……208
微細繁殖……17, 44-45, 71
被覆作物……140-141
ヒマワリの顔……82
肥料（栄養剤）……25, 57, 85, 87,
136, 151, 197
　池への影響……209
　クローバー……27, 203
　室内植物と鉢植え……133, 137
　血と魚と骨……150-151
　肥料と土……142
フジウツギ……49, 211
冬……184, 186-187, 209
　一年草の冬……118
　木……34, 52, 158-159, 166-167

球根……172-173
霜……101
堆肥……144-145
多年草の冬……118
地下水面……119
土……125
根……158
葉……159, 166-167
ハチの越冬……202
冬咲きの花……184
冬の雨……13
冬の動物……152-153, 186-187,
190, 202, 204
冬野菜……176-177
雪……180-181
ブリックス値……141
分裂組織……28
ベンガルボダイジュ……148
胞子でふえる植物……21
ボカシ肥料……196
ホテイアオイ……139

ま

マイケル・ポーラン……88
マルチ（根覆い）……165
水……60-61
ミズーリ植物園……16
水辺の植物……139, 148
水やり……131
　湿度が高いときの水やり
　……162
　植物の水分の消費……175
　日中の水やり……156
　水やりをやめたら……131
　水やりのタイミング……157
蜜……70, 74-75, 92
　蜜のつくり方……80-81
　蜜をもとめる蝶……210-211
ミミズ……8, 96-97, 101, 134, 213

ミミズのコミュニケーション
　……128-129
ミントの繁殖能力……17
モグラ、キタハタネズミ、ウサギ
　……152-153

や

野菜……42, 141
　堆肥……144-145, 196
　冬の野菜……177
　野菜と果実……78
　野菜と霜……176
　野菜の生長……107, 124
　輪作……135
ヤシ……63
雪……52, 180-181
　雪と草……180
雪腐れ病……181
葉緑素……20, 52, 167, 182-183

ら

落葉実験……167
落葉樹……159, 160-161
　暗闇と落葉樹……185
　落葉……166-167
ラン……67, 70, 138-139
　ランのタネ……35, 44-45
流水客土……142
リンゴ……68-69, 84-85, 121
　剪定……215
　接ぎ木……69
　豊作と不作……84-85, 215
輪作……135
ローマ軍が敵地に塩を撒いた
　……126-127

わ

ワックスでおおわれた植物
　……164

図版クレジット

p4 © andrey oleynik | Shutterstock
p5, 26 © Helena-art | Shutterstock
p6 © Elzbieta Sekowska | Shutterstock
p10 © KostanPROFF | Shutterstock
p11, 15, 25, 34, 45 (top), 46, 49, 61 (right), 65, 74, 95, 126 (bottom), 128, 147 (top), 194, 199, 201, 211 (top) © Morphart Creation | Shutterstock
p12 (right) © Quagga Media | Alamy Stock Photo
p12 (left), 19 (bottom) © marijaka | Shutterstock
p13 © Ioan Panaite | Shutterstock
p14 © ppl | Shutterstock
p15, 22, 57, 59, 72, 103 (middle), 153 (bottom), 154, 186, 190 © Hein Nouwens | Shuttertock
p18 © BillionPhotos | Shutterstock
p19 (top) © antoninaart | Shutterstock
p29 © foodonwhite | Shutterstock
p31 © Liliya Shlapak | Shutterstock
p32, 58, 88, 135 (bottom), 219 © Royal Horticultural Society
p35 © picturepartners | Shutterstock
p40 (left) © dabjola | Shutterstock, (bottom) © bnamfa | Shutterstock
p41 © DK Arts | Shuttestock
p44 © tea maeklong | Shutterstock
p47 © AVA Bitter | Shutterstock
p55 (bottom) © Imageman | Shutterstock
p60 © Jeffrey Coolidge | Getty Images
p61 (left) © lubbas | Shutterstock
p75 (top) © BJORN RORSLETT | SCIENCE PHOTO LIBRARY
p81 (top) © B kimmel | Creative Commons CC-BY-SA-3.0, (bottom) © MRS. NUCH SRIBUANOY | Shutterstock
p84 © hidesy | Shutterstock
p85 © Elzbieta Sekowska | Shutterstock
p97 © Wellcome Library, London CC-BY 4.0
p99 © antoninaart | Shutterstock
p100, 101 © Jan Havlicek | Shutterstock
p103 (top), 150 © Rednex | Shutterstock
p103 (bottom) © Christopher Elwell | Shutterstock
p104 © Jeneses Imre | Shutterstock
p105 (from top) © luri | Shutterstock, © Diana Taliun | Shutterstock, © Angel Simon | Shutterstock, © wacpan | Shutterstock, © Veronica Carter | Alamy Stock Photo
p106 © Alena Brozova | Shutterstock
p108 © Elzbieta Sekowska | Shutterstock
p109 © enzozo | Shutterstock
p110 © Zerbor | Shutterstock
p112 © Mark Herreid | Shutterstock
p114 © Akvaartist | Shutterstock
p115 © Piotr Marcinski | Shutterstock
p116, 119 © ArtMarı | Shutterstock
p117 © Geoffrey Arrowsmith | Alamy Stock Photo
p124 © ninsiri | Shutterstock
p125 © Saylakham | Shutetrstock

p126 (top), 151 (top), 156 © lynea | Shutterstock
p131 © Doremi | Shutterstock
p133 (from top) © JIPEN | Shutterstock, © kirillov alexey | Shutterstock, © Manfred Ruckszio | Shutterstock
p134 © cha cha cha studio | Shutterstock
p137 © diana pryadieva | Shutterstock
p140 (top) © DSBfoto | Shutterstock, (bottom) © Elena Schweitzer | Shutterstock
p142 © Coprid | Shutterstock
p144 © Evan Lorne | Shutterstock
p145 © domnitsky | Shutterstock
p146 © Marzolino | Shutterstock
p146 (bottom), 147 (bottom) © nadiia | Shutterstock
p149 © B Brown | Shutterstock
p152 © DoubleBubble | Shutterstock
p153 (top), 204 © Eric Isselee | Shutterstock
p157 © Stephen VanHorn | Shutterstock
p158 © Janno Loide | Shutterstock
p159 (top) © Kudryashka | Shutterstock, (bottom) © designelements | Shutterstock
p160, 161 (bottom) © Smit | Shutterstock
p162 © Marina Lohrbach | Shutterstock
p163 © Ossile | Shutterstock
p164 © Liliya Shlapak | Shutterstock
p165 © grafvision | Shutterstock
p166 © LilKar | Shutterstock
p167 © DR KEITH WHEELER | SCIENCE PHOTO LIBRARY
p169 (bottom) © Lapina | Shutterstock
p173 (top) © de2marco | Shutterstock
p175 © watin | Shutetrstock
p177 (from top) © Binh Thanh Bui | Shutterstock, © Lotus Images | Shutterstock
p180 © lixun | Shutterstock
p181 © Madlen | Shutterstock
p182 © Le Do | Shutterstock
p183 © Rockpocket | Creative Commons CC-BY 2.5
p185 © hypnotype | Shutterstock
p187 © Michiel de Wit | Shutterstock
p189 © geraria | Shutterstock
p191 © Pavel Vakhrushev | Shutterstock
p192, 193 © TunedIn by Westend61 | Shutterstock
p196 © hsagencia | Shutterstock
p197 © nito | Shutterstock
p198 © SOMMAI | Shutterstock
p200 © kirian | Shutterstock
p205 (top) © optimarc | Shutterstock, (bottom) © Mirek Kijewski | Shutterstock
p208 © imaginasty | Shutterstock
p210 © Stephen B. Goodwin | Shutterstock
p211 (bottom) © jps | Shutterstock
p212 © Szasz Fabian Jozsef | Shutterstock
p213 © BERNATSKAYA OXANA | Shutterstock
p214 © Serg64 | Shutterstock
p216 © movit | Shutterstock